水肥一体化实用问答及技术模式、案例分析

梁 飞 主编

中国农业出版社
北 京

图书在版编目（CIP）数据

水肥一体化实用问答及技术模式、案例分析／梁飞
主编 . —北京：中国农业出版社，2017.12（2020.3 重印）
ISBN 978-7-109-23598-4

Ⅰ.①水… Ⅱ.①梁… Ⅲ.①肥水管理－问题解答
Ⅳ.①S365－44

中国版本图书馆 CIP 数据核字（2017）第 292772 号

中国农业出版社出版
（北京市朝阳区麦子店街 18 号楼）
（邮政编码 100125）
责任编辑　魏兆猛

北京通州皇家印刷厂印刷　新华书店北京发行所发行
2017 年 12 月第 1 版　2020 年 3 月北京第 7 次印刷

开本：880mm×1230mm　1/32　印张：7.125
字数：190 千字
定价：25.00 元
（凡本版图书出现印刷、装订错误，请向出版社发行部调换）

编 委 会

编　写　说　明

　　"有收无收在于水，收多收少在于肥"。水分和肥料是作物生长发育过程中的两个重要因子，水肥管理在农业生产中有着重要的意义。水肥一体化技术是将灌溉与施肥融为一体的农业新技术，是现代农业的主要支撑技术之一，由于其高效节水节肥的特点，近年来得到大面积推广使用，取得了很好的经济与生态效益。但是要充分发挥水肥一体化的作用，必须做到合理灌溉与施肥。然而，目前许多地区在水肥一体化技术的应用上还远没有做到这一点，原因是广大种植户对水肥一体化的基本知识和技术缺乏了解和掌握，而且目前许多水肥一体化技术的使用者正渴望学习与此相关的知识。为此，我们组织从事相关研究的科研人员、肥料企业和灌溉行业的技术人员根据各方面的有关资料并结合自身体会，用深入浅出的文字，编写了本书，以期满足生产需求。

　　全书共分八章，前面六章采用知识问答形式系统介绍了水肥一体化技术基础、作物水肥需求、水肥监测技术、肥料应用知识和技术、灌溉技术与设备、农机农艺融合等问题；第七章介绍了水肥一体化技术模式；第八章介绍了应用案例。本书将理论与生产实践紧密结合，反映了当今国内外水肥一体化技术的最新研究成果、技术水平和先进经验。本书适合灌溉企业、肥料企业、农业技术推广部门等单位的技术与管理人员及种植户阅读，也可供高等农业院校相关专业师生参考。

前　　言

农业是国民经济的基础，是国家稳定和安全的基石。水是生命之舟，土是万物生长之本。水分和肥料是作物生长发育过程中的两个重要因子，水肥是农业持续发展的物质保证，是粮食增产的基础，同时水和肥是干旱半干旱地区影响农业生产的主要限制因素，水肥管理在农业生产中有着重要的意义。水肥一体化技术是将灌溉与施肥融为一体的农业新技术，是国内外公认的一项高效灌溉和高效施肥技术。水肥一体化技术已经成为未来农业发展的主流技术之一，是实现"一控两减"目标的重要手段，是化肥减量增效的关键措施之一。

近年来，政府和企业在我国旱作农区推广滴灌和水肥一体化技术，这在科技文献和相关媒介上常有报道，也经常看到这样的内容："水肥一体化技术与大田灌溉相比，自动化程度较高，可以实现'三省三提高'：节省灌水量，提高水的利用率；节省肥料，提高肥料利用率；节省劳动力，提高作物产量"。

尽管水肥一体化技术已日趋成熟，有上述诸多优点，但是水肥一体化技术是一项系统工程，交叉学科多，涉及工程、农艺、生态、环境等多个学科，加之目前水肥一体化市场主要是灌溉企业和肥料企业两个主体在推动，但灌溉企业和肥料企业对于水肥一体化的理解和应用很少在同一个频道上，因此难以支撑这一技术的发展。水肥一体是水与肥料一起的故事，为了讲好这个故事，近年来笔者在多种场合推广与普及水肥一体化理念与技术。就此，笔者与灌溉俱乐部的陈晴工程师就水肥一体化科普图书的编写事宜进行过深入沟通，得到了灌溉俱乐部的大力支持，并共同组织了灌溉企业与肥料企业的技术人员编写了这本《水肥一体化实用问答及技术模式、案例分析》。

为了编好本书，我们在多方征求意见和基于用户知识水平的基础上，确定采用知识问答、技术模式介绍、案例分析的方式，结合参编人员亲身体会，用深入浅出的文字，完成本书的编写。全书共分八章，前面六章采用 100 个问答系统介绍了水肥一体化技术基础、作物水肥需求、水肥监测技术、肥料应用、灌溉技术与设备、农机农艺融合等问题，第七章介绍了水肥一体化技术模式，第八章介绍了应用案例。本书理论与生产实践紧密结合，反映了当今国内外水肥一体化技术的最新研究成果、技术水平和先进经验，可为广大种植户及水肥一体化应用者提供技术支撑。

本书由新疆农垦科学院梁飞统筹编写，书中各章作者如下：第一、六章由新疆农垦科学院梁飞编写；第二章由新疆农垦科学院王克全和王国栋、华夏天农（北京）农业科技有限公司王平、北京东方润泽生态科技股份有限公司王应海编写；第三章由北京东方润泽生态科技股份有限公司乐进华、王应海、刘凤编写；第四章由新疆心连心能源化工有限公司郑继亮、成都尼罗达农业科技有限公司张建堂、陕西水肥一体化农业科技有限公司查显忠和陈以编写；第五章由宁夏景润工程技术有限公司陈晴、京蓝沐禾节水装备有限公司孙广兴、嘉兴奥拓迈讯自动化控制技术有限公司何林华、深圳市福尔沃机电设备有限公司罗登宏编写；第七章由新疆农垦科学院农田水利与土壤肥料研究所水肥一体化技术团队提供资料，新疆农垦科学院张磊和刘瑜负责整理；第八章由各参编单位提供资料，梁飞和陈晴负责整理。张磊和刘瑜负责全书的校对与文字审阅，梁飞对全书做最后的审阅定稿。本书虽然经过多次修改，但由于业务水平有限，疏漏与不足之处在所难免，望读者批评指正。

最后，本书的编写出版得到了国家自然科学基金资助项目（31460550）、新疆生产建设兵团科技攻关与成果转化计划项目（2016AC008）、国家重点研发计划课题（2017YFD0201506）、国家科技支撑计划课题（2012BAD42B01）、"863"计划（2011AA100508）、新疆生产建设兵团青年科技创新资金专项（2014CB010）等项目资助，特此感谢！

编　者

2017 年 9 月 21 日

目　　录

第一章　水肥一体化技术基础

1. 什么是水肥一体化?

水肥一体化技术在发达国家的农业中已得到广泛应用,在国外有一特定词描述,叫"Fer‐tigation",即"Fertilization（施肥）""Irrigation（灌溉）"两个词组合而成,意为灌溉和施肥结合的一种技术。国内翻译成"灌溉施肥""加肥灌溉""水肥耦合""水肥一体化""随水施肥""肥水灌溉""管道施肥"等。概念:水肥一体化是利用管道灌溉系统,将肥料溶解在水中,同时进行灌溉与施肥,适时、适量地满足农作物对水分和养分的需求,实现水肥同步管理和高效利用的节水农业技术。狭义来讲,就是将肥料溶入施肥容器中,并随同灌溉水顺管道经灌水器进入作物根区的过程叫做滴灌随水施肥,国外称之为灌溉施肥（Fertigation）,即:根据作物生长各个阶段对养分的需要和土壤养分供给状况,准确将肥料补加且均匀施在作物根系附近,并被根系直接吸收利用的一种施肥方法。通常,与灌溉同时进行的施肥,是在压力作用下,将肥料溶液注入灌溉输水管道而实现的。溶有肥料的灌溉水,通过灌水器（喷头、微喷头和滴头等）,将肥液喷洒到作物上或滴入根区。广义讲,就是把肥料溶解后施用,包含淋施、浇施、喷施、管道施用等。扩展开来讲,就是灌溉技术与施肥技术的融合,包括水肥耦合技术、水肥药一体化技术以及叶面肥施用技术等。

2. 水肥一体化技术的理论基础是什么?

俗话说:"有收无收在于水,收多收少在于肥"。水分和养分是作物生长发育过程中的两个重要因子，也是当前可供调控的两大技术因子。根系是作物吸收养分和水分的主要器官，也是养分和水分在植物体内运输的重要部位；作物根系对水分和养分的吸收虽然是两个相对独立的过程，但水分和养分对于作物生长的作用却是相互制约的，无论是水分亏缺还是养分亏缺，对作物生长都有不利影响。这种水分和养分对作物生长相互制约和耦合的现象，特别是在农田生态系统中，水分和肥料两个体系融为一体，或水分与肥料中的氮、磷、钾等因子之间相互作用而对作物的生长发育产生的现象或结果（包括协同效应、叠加效应和拮抗效应），这被称为水肥耦合效应。

灌溉的理论基础：水是构成作物有机体的主要成分，水分亏缺比任何其他因素都更能影响作物生长；当发生水分亏缺时，对缺水最敏感的各器官细胞的延伸生长减慢，其先后顺序为：生长—蒸腾—光合—运输；若水分亏缺发生在作物生长过程的某些"临界期"，有可能使作物严重减产。为了满足作物生长，补充作物的蒸腾失水及土面蒸发失水，必须源源不断地通过灌溉补充土壤水分，才能满足作物正常生长。

施肥的理论基础：作物生长过程中为了维持其生命活动，必须从外界环境中吸收其生长发育所需要的养分，植物体生长所需的化学元素称为营养元素；根系是作物吸收养分的主要器官，也是养分在植物体内运输的重要部位；根系获取土壤中矿质养分的方式主要有截获（根系生长中遇到养分）、质流（养分随着水分流动到根系附近）、扩散（土壤溶液中的养分离子，随着浓度梯度向根系运移）三种方式；施肥可以增加土壤溶液中的养分浓度，从而直接增加质流和截获的供应量，同时增强养分向根系的扩散势。因此，合理施肥是提高土壤养分供应量、提高作物单产和扩大物质循环的保证。水肥一体化的理论基础简单地归结为一句话就是：作物生长离不开水肥，水肥对于作物生长同等重要，根系是吸收水肥的主要器官，肥料必须溶于水才能被根系吸收，施肥也能提高水分利用率，水或肥亏缺均对作物生长不利；将灌溉与施肥两个过程同时进行，并融合为一体，实现了水肥同步，水肥高效。

3. 水肥一体化有哪些类型？

水肥一体化的前提条件就是把肥料先溶解，然后通过水肥结合的方式施用，如叶面喷施、挑担淋施和浇施、拖管淋施、喷灌施用、微喷灌施用、滴灌施用、树干注射施用等。水肥一体化类型根据不同划分依据有不同的类型。

（1）根据控制方式不同分

①传统水肥一体化技术：将可溶性肥料溶解到水里，使用棍棒或机械搅拌，通过田间放水灌溉或田间管道，甚至还有通过添加的滴灌或微喷灌等装置使肥液均匀地进入田间土壤中，被作物吸收利用。②现代水肥一体化技术：通过实时自动采集作物生长环境参数和作物生育信息参数，构建作物与环境信息的耦合模型，智能决策作物的水肥需求，通过配套施肥系统，实现水肥一体精准施入。

（2）根据作物类型分

①大田作物水肥一体化技术；②设施蔬菜水肥一体化技术；③果树水肥一体化技术；④草地及草坪水肥一体化技术。

（3）根据灌溉方式不同分

①滴灌水肥一体化技术（本书中，除了已经备注说明的水肥一体化技术外，均指滴灌水肥一体化技术）。滴灌是指按照作物需水要求，通过低压管道系统与安装在毛管上的灌水器，将水和作物需要的养分一滴一滴、均匀而又缓慢地滴入作物根区土壤中的灌水方法。滴灌水肥一体化技术主要是在农作物对水、肥的实际需求上，来使用毛管上的灌水器和低压管道系统，把作物需要的溶液逐渐、均匀地滴入农作物的根区部。这种方法可以保证灌溉水以水滴的形式滴入土壤，在有效对水量进行控制的同时，大大延长了实际灌溉时间。另外，这种技术确保土壤内部的环境（如水、气、温度、养分）是作物生长的适宜状态，使土壤的渗漏程度减小，不会造成对土壤结构的破坏。与此同时，该技术由于不受地形限制，可以在不

同坡度的坡地上使用，也可以保证不会形成径流制约灌溉施肥均匀性，从而在进行密植和宽行作物种植时均可广泛应用。但是该项技术对水质的要求相对较高，这就需要在实际工作中要合理地选择水源，充分考虑肥料及过滤设备的应用。

②喷灌水肥一体化技术。喷灌是利用机械和动力设备把水加压，将有压水送到灌溉地段，通过喷头喷射到空中散成细小的水滴，均匀地洒落在地面的一种灌溉方式。喷灌水肥一体化技术是在作物对水肥需求规律基础上，通过施肥设备把肥料溶液加入到喷灌的水中，随着喷头喷射到空中散成细小的水滴，均匀地洒落在作物表面或者地面的一种灌溉施肥方式。喷灌水肥一体化对土地的平整性要求不高，可以应用在山地果园等地形复杂的土地上。喷灌系统的形式很多，按分类依据的不同有不同的分类方法。如果按喷灌系统的主要部分在灌溉季节可移动的程度分类，可分为固定式喷灌系统、移动式喷灌系统和半固定式喷灌系统。

③微喷灌水肥一体化技术。传统的喷灌技术的工作原理其实就是利用高压将水喷向空中，使水可以滴落到土壤或者植株上，这样就可以完成灌溉的工作。但是因为喷入空中的水滴在滴入的过程中会受到各种因素的影响和制约，严重影响灌溉的工作效果。另外，即使养分成功落到植物上，也难以保证植物冠层可以充分吸收。微喷灌是通过低压管道将水送到作物植株附近田间，再利用折射、旋转、辐射式微型喷头或微喷带将水均匀地喷洒到作物枝叶等区域的灌水形式。微喷灌水肥一体化技术，是指通过施肥设备把肥料溶液加入到微喷灌的管道中，随着灌溉水分均匀地喷洒到土壤表面的一种灌溉施肥方式。在与滴灌施肥技术的比较中，可以发现微喷灌技术在过滤器方面的要求不高，但是该技术容易受到作物茎秆与杂草的制约，从而影响灌溉的效果，这就需要在应用该技术时一定要事先按照作物的条件、周围地形来进行选择是否使用该技术。

④膜下滴灌水肥一体化技术。该技术是覆膜技术、滴灌技术两种技术的结合，作用原理就是在滴灌带的表层进行膜的覆盖。该技术在大大降低水分蒸发量的同时，也相应地将地表温度提高，覆膜

能够抑制杂草，促进幼苗的快速生长。

⑤集雨补灌水肥一体化技术。通过开挖集雨沟，建设集雨面和集雨窖池，配套安装小型提灌设备和田间输水管道，采用滴灌、微喷灌技术，结合水溶肥料应用，实现高效补灌和水肥一体化，充分利用自然降雨，解决降雨时间与作物需水时间不同步、季节性干旱严重发生的问题。适用于降水量较多，但时空分布不均、季节性干旱严重的地区。

4. 水肥一体化应遵循的基本原则是什么？

（1）水肥协同原则　综合考虑农田水分和养分管理，使两者相互配合、相互协调、相互促进。

（2）按需灌溉原则　水分管理应根据作物需水规律，考虑施肥与水分的关系，运用工程设施、农艺、农机、生物、管理等措施，合理调控自然降水、灌溉水和土壤水等水资源，满足作物水分需求。

（3）按需供肥原则　养分管理应根据作物需肥规律，考虑农田用水方式对施肥的影响，科学制订施肥方案，满足作物养分需求。

（4）少量多次原则　按照肥随水走、少量多次、分阶段拟合的原则制定灌溉施肥制度；根据灌溉制度，将肥料按灌水时间和次数进行分配，充分利用灌溉系统进行施肥，适当增加追肥数量和追肥次数，实现少量多次，提高养分利用率。

（5）水肥平衡原则　根据作物需水需肥规律、土壤保水能力、土壤供肥保肥特性以及肥料效应，在合理灌溉的基础上，合理确定氮、磷、钾和中、微量元素的适宜用量和比例。

5. 滴灌水肥一体化的技术优势有哪些？

与常规施肥方法比较，滴灌水肥一体化技术有以下几个方面优点。

（1）水肥一体化普遍助力作物增产　在新疆滴灌棉花籽棉单产普遍比沟灌增加 51kg，增产 17%。2006—2013 年的八年间，新疆生产建设兵团六次打破我国玉米高产纪录，从 17 175.3kg/hm² 一直增加到 22 676.1kg/hm²；2012 年新疆平均玉米产量 6 915kg/hm²，较全国平均增产 1 050kg/hm²；在吉林省西部地区采用膜下滴灌技术种植玉米，最高产量为 15 503kg/hm²，比对照（6 750kg/hm²）增产 8 753kg/hm²，增产达 130%；2011 年河北省微灌水肥一体化夏玉米实收产量在 11 400～12 450kg/hm²，较常规管理增产 30% 以上。新疆滴灌水肥一体化小麦平均单产达 6 450kg/hm²，比地面灌溉小麦普遍增产 1 200～1 800kg/hm²。

（2）提高作物水分利用率　滴灌水肥一体化水分由灌水器直接滴入作物根部附近的土壤，直接供作物本身生长所需；另外滴灌可适时适量灌水，从而避免了其他灌水方式产生的周期性水分过多和水分亏缺的情况，并能有效地减少深层渗漏。目前新疆滴灌小麦在 7 500～9 000kg/hm² 产量水平下，生育期间田间灌溉定额由原来漫灌的 6 300～6 700m³/hm²，减少到 4 500～4 800m³/hm²，节水 25%～30%；滴灌玉米在 15 000～18 000kg/hm² 产量水平下，生育期间田间灌溉定额由原来漫灌的 7 200～9 000m³/hm²，减少到 4 200～5 400m³/hm²，节水 40% 左右；河北省小麦玉米一年两熟区，常规灌溉小麦需要 4～5 次，总需水量 3 000m³/hm² 以上，而采用滴灌需要灌溉 5～6 次，每次需水 300m³/hm² 左右，总用水量 1 500～2 000m³/hm²，节水 50% 以上。吉林省西部地区采用膜下滴灌技术种植玉米，在最高产量为 15 503kg/hm² 时，滴灌每公顷用水 1 000m³，沟灌每公顷用水 2 400m³，节水 60% 以上，节水效果十分显著。

（3）提高肥料利用率　由于滴灌随水施肥的特点，养分集中分布在由滴水形成的湿润体内。新疆滴灌小麦氮、磷、钾的利用率分别较漫灌条件下常规施肥提高 30%、18%、10% 以上，整体节肥达 20%～30%；滴灌玉米氮、磷、钾的利用率分别较漫灌条件下常规施肥提高 20%、10%、15% 以上，整体节肥达 15%～25%；

棉田的氮肥当季利用率可提高到 65% 以上，磷肥当季利用率可提高到 24% 以上。宁夏引黄灌区与常规灌溉相比，滴灌水肥一体化冬小麦产量增加 4.0% 的情况下，施肥量减少 58.1%；在玉米产量增加 33% 的情况下，施肥量减少 48.5%。

（4）减少机械作业，抑制杂草生长，提高土地利用，提升劳动生产率　实施滴灌水肥一体化种植，减少了开沟修毛渠、中耕、化控、打药等机耕作业环节和次数，农机作业量节省 15% 左右；滴灌水通过过滤器进入管道传输到田间，杜绝了渠道输水过程中草种的传播，因滴灌属于局部灌溉，作物行间始终比较干燥，从而有效抑制了杂草种子的萌发和生长。由于滴灌改变了劳动田管制度，减少了锄草、打埂、修毛渠等作业，减轻了农民的劳动强度，提高了劳动效率，节省劳务 30% 以上，整体上提升了职工的管理定额，以植棉为例，常规灌溉种植每个劳动力只能管理 2hm² 左右，采用滴灌每个劳动力可管理 4~6hm²，提高 2~3 倍。另外，滴灌田采用管道输水，田间不需修毛渠及田埂，节约了土地，土地利用率提高 5%~7%；水量一定，应用滴灌水肥一体化技术的灌溉面积是常规灌溉的 1.5 倍左右，灌溉保证率提高 15% 以上；滴灌水肥一体化技术可及时补给土壤水肥，使作物出苗整齐集中，促苗早发，作物生长健壮，有利作物的高产优质。

（5）提升社会生产效益　新疆生产建设兵团滴灌技术的大面积推广，提高了现有耕地的灌溉保证率，大幅度增加了农户的收入，同时也促进了相关产业的发展。滴灌技术的节本增效，使农户收入得到了提高，据新疆生产建设兵团近年统计，滴灌较常规灌溉每公顷增加纯收入分别为：棉花 5 280 元，加工番茄 10 713 元，小麦 2 970元，玉米 6 000 元。近十五年来，新疆生产建设兵团在农业灌溉总用水量逐步减少的情况下，灌溉面积却在增加。另外，滴灌技术的发展带动了塑料、化工、机械、电子等产业的发展。

（6）提高生态生产效益　新疆生产建设兵团实施大面积滴灌节水后，年节水量达 12 亿 m³ 以上，在有效灌溉农田的同时，防护林及草地灌溉面积及灌溉质量得到了提升，有效灌溉林、草（含饲草饲料）面积迅速扩大，耕地风沙灾害明显减少，井灌区地下水位大幅度下降的现象得到了有效控制，农林牧草复合型农业生态系统初见雏形。近年，新疆塔里木河下游断流的危机已有所好转，艾比湖的水位近年已逐渐回升。此外，滴灌有效抑制地下深层盐分随水上升至土壤表层，有利地控制了土壤次生盐渍化的发生；抑制了氮肥挥发对大气的污染，减少了肥料对土壤和水体环境的污染。

6. 水肥一体化推广应用中存在的问题有哪些？

（1）一次性资金投入大　尽管水肥一体化技术已日趋成熟，有上述诸多优点，但是因为其属于设施施肥，需要购买必需的设备，其最大局限性在于一次性投资较大。根据近几年的灌溉设备和施肥设备市场价格估计，大田采用微喷灌水肥一体化每 $667m^2$ 平均投入在 $600 \sim 1\,500$ 元，而温室灌溉施肥的投资比大田更高；喷微灌水肥一体化每 $667m^2$ 平均成本也在 $400 \sim 2\,500$ 元。另外滴灌水肥一体化技术已在新疆大田种植（尤其是棉花）中被广泛采用，采用滴灌水肥一体化技术后，棉花生产成本发生了变化，在滴灌技术下南、北疆棉花成本存在显著差异，在棉花种植中占总投入的 12% $\sim 20\%$；同时滴灌设备的投资回收期较长，需要有配套的播种铺膜农机具。

（2）水肥一体化工程规划与设计欠规范　规划是滴灌水肥一体化系统设计的前提，它制约着水肥一体化工程投资、效益和运行管理等方面，关系到整个滴灌工程的质量优劣及其合理性，是决定滴灌工程成败的重要工作之一；滴灌系统的设计是在科学规划的基础上，根据当地的地理环境、水源水质、作物及栽培耕作方式等条件，因地制宜地配置滴灌系统。但我国目前绝大部分地区还没有将水肥一体化工程纳入农田水利工程规划之中，且田间设计和系统配置也不尽合理。应加强这方面的工作，特别要注重节水与农艺的结合。另外，不同作物田间滴灌带铺置模式、每公顷滴灌使用长度和灌水器数量以及灌水器流量均存在较大的差别，经常发生出水桩流量与灌水器总流量之间出现较大差异，造成灌水器压力过高或者过低，影响灌溉均匀度的情况。

（3）水肥一体化不到位　目前相当部分滴灌区只注重滴灌的田间装备，没有重视与农艺技术结合，特别是没有实施随水施肥或者是技术措施还没完全到位，滴灌的综合效益没有得到充分发挥。部分农户滴灌施肥不是按照基肥情况和作物需肥规律进行，多凭经验随意进行，肥料配比、用量、滴肥时间及次数不合理现象较为严重，影响了先进滴灌设备的施肥效益和水肥一体化技术的发展。另外，目前市场上销售的大多数滴灌专用肥名为专用实为通用，另外肥料生产企业普遍对农化服务重视不够，多数企业只注重肥料配方的经济性和产品的宣传，对农工用肥指导、服务较少，造成肥料配方单一并且不科学。应加强灌溉及施肥制度的属地化研究，尽快推进滴灌随水施肥。

（4）滴灌设备及产品不配套、成本高　滴灌器材目前还没有设立行业标准，生产不规范、质量不稳定，田间作业机械还不配套，水溶性肥料产品混乱，产品检测监督体系尚未形成，各地滴灌器材及产品成本仍较高等。

（5）技术、认识、基础储备不足　滴灌技术是一项系统工程，交叉学科多，涉及工程、农艺、生态、环境等方面，加之滴灌技术在我国是一项新兴技术，人们在这方面的认识水平、知识水平很低，基础差、技术储备不足，难以支撑这一技术的发展。必须加大宣传力度，强化技术培训，教育部门应将相关知识纳入教学内容，提高全社会对节水灌溉的认识和技术水平。

（6）施肥系统滞后，难以满足水肥一体化发展需求　滴灌施肥的效率取决于肥料罐的容量、用水稀释肥料的稀释度、稀释度的精确程度、装置的可移动性以及设备的成本及其控制面积等。常见的将肥料加入滴灌系统的方法可分为肥料罐法和肥料泵法。目前，新疆大部分地区普遍采用不透明的旁通施肥罐，该施肥系统的最大缺点是罐体太小，肥料溶液浓度变化大，过程无法控制；进水管与出肥管偏小，无法调控施肥速度且肥料溶解过程看不见，肥料是否溶解全凭经验判断，肥料浪费较大；罐体溶液容积有限，添加化肥次数频繁，施肥不方便，面积越大越费工；部分农场采用立式罐，操作难度更大，更不方便。

（7）水盐调控不合理，容易引起盐分累积　当在含盐量高的土壤上进行滴灌或是利用咸水灌溉时，盐分会积累在湿润区的边缘，如遇到小雨，这些盐分可能会被冲到作物根区而引起盐害，这时应继续进行灌溉。在没有充分冲洗条件的地方或是秋季无充足降雨的地方，不要在高含盐量的土壤上进行灌溉或利用咸水灌溉。近十年来，新疆生产建设兵团大面积推广膜下滴灌技术，起到了节水、增产的显著效果。但膜下滴灌是小定额的连续供水，属浅层灌溉，灌溉水没有深层渗漏，难以利用灌溉水淋洗盐分到地下水中去，盐分只在土层中转移而无法消除；再加上灌溉水中的矿化度较高，土壤水分蒸发和植株蒸腾后，水去盐留，使部分团场土壤处于较严重的积盐状态。

7. 作物生长要素（光、温、水、气、热）与水肥一体化之间有什么关系？

作物的生长发育及产品器官的形成，一方面取决于植物本身的遗传特性，另一方面取决于外界环境（也称为作物的生长因素或者生活因子）。主要的生长因素包括：温度（空气温度及土壤温度）、光照（光的组成、光照度、光周期）、水分（空气湿度和土壤湿度）、土壤（土壤肥力、化学组成、物理性质及土壤溶液等）、空气（大气及土壤空气中的氧气和二氧化碳含量及有毒气体含量等）。环境是由诸多因子组成的复合体，生态因子综合作用是环境中各种生态因子彼此联系、互相促进、互相制约。生态因子不是孤立存在的，任何一个生态单因子的变化，必将引起其他因子不同程度的变化及其反作用。如光和温度的关系密不可分，温度的变化不仅影响空气的温度和湿度，同时也会影响土壤的温度、湿度的变化。作物在生长发育的不同阶段往往需要不同的生态因子或生态因子的不同强度。就农作物而言，除了设施农业外，温度主要受气候影响，调整幅度较小，而且调节措施多与水分相关；同样对于光照和空气，除了设施栽培的补光和通气措施外，相对稳定且人为调节难度较大；但是水分和土壤（尤其是土壤肥力）相对容易调整，灌溉和施肥时间、量以及方式直接决定着土壤中的水肥含量。另外，根据李比希的最小因子定律，制约作物生长发育及产品器官形成的因素往往是水分和养分，而作物生长的五大要素中只有水和土壤养分是可以通过相对简单的农艺措施改变的，因此，进行作物水肥管理极其重要，水肥一体化技术将灌溉技术和施肥技术融为一体，实现了水肥同步，根据作物的需水、需肥规律适时、适量地持续供应其生长所需的水分和养分，有效地提高了水肥的效率，消除了作物生长中水分和养分限制因子。

8. 根系获取养分途径有哪几种?

根系是植物吸收养分和水分的主要器官，也是养分和水分在作物体内运输的重要部位，它在土壤中能固定植物，保证植物正常受光和生长，并能作为养分的储藏库。根部可以从土壤溶液中吸收矿物质，也可以吸收被土粒吸附着的矿物质。根部吸收矿物质主要是根尖，其中根毛区吸收离子最活跃，根毛的存在使根部与土壤环境的接触面积大大增加。根系吸收溶液中的矿物质主要经过以下两个步骤：①离子吸附在根系细胞表面，在吸收离子的过程中，同时进行着离子的吸附与解吸附；②离子进入根系内部，吸附在质膜表面的离子经过主动吸收、被动吸收或者胞饮作用等到达质膜内。根也可以利用土壤胶体颗粒表面的吸附态离子，根对吸附态离子的利用方式有两种，一种是通过土壤溶液进行交换，另一种是直接交换或者接触交换。

土壤中养分到达根表有两个途径：一是根对土壤养分的主动截获（根系直接从所接触的土壤中获取养分而不通过运输，所截获的养分实际是根系所占据的土壤容积中的养分，截获量与根表面积和土壤中有效养分的浓度有关）；二是在植物生长与代谢活动（如蒸腾、吸收等）影响下，土体养分向根表的迁移。迁移方式有两种：①质流：植物的蒸腾作用和根系吸水造成的根表土壤与原土体之间出现明显的水势差，此种压力差导致土壤溶液中的养分随着水流向根表迁移；②扩散：当根系通过截获和质流作用获得的养分不能满足植物需求时候，随着根系不断的吸收，根系周围有效养分浓度明显降低，并在根表垂直方向上出现养分浓度梯度，从而引起土体的养分顺着浓度梯度向根表迁移。

综上，简单地将根系吸收养分的途径归纳为三个词：遇到（截获）、带到（质流）和要到（扩散）。而影响这一过程的因素包括温度、通气性、光（主要影响蒸腾作用）、养分浓度、酸碱性、离子间相互作用，这些因素均与灌溉和施肥存在着直接或者间接的关系。

9. 影响作物根系生长发育的因素有哪些？

根系是连接植物与土壤的桥梁，也是感知土壤环境的器官，对土壤环境变化极其敏感。植物根系的地下分配格局会对整个生态系统产生重要的影响，尤其给植物生长提供所需水分和养分的细根，其空间结构不仅决定了根系对地下资源的利用效果及潜力，同时还反映了土壤中水分和养分的分配格局，并且会对不同的土壤养分、水分梯度及土壤其他特性做出响应。土壤的物质和能量被植物获取和利用均是通过根系得以实现的。根系除了受基因型控制外，其分布在很大程度上受外界环境条件的影响，施肥、灌水、种植密度、土壤物理性状等均会影响作物根系在土体中的分布。①水分是制约农业生产发展的主要因子之一，根系对水分的反应很敏感，土壤含水量的多少影响根系的形成、分布、吸收及生理活性。②土壤养分对根系具有一定的调控作用。施肥可以促进作物根系生长，从而促进作物对深层土壤水分的吸收利用；施肥有利于根系的延伸和在整个剖面的分布，为作物对水分和养分的吸收利用提供条件。氮素过多或不足均抑制根的生长发育；磷营养对根长的作用因土壤水分状况而异，在土壤严重缺水条件下，施磷对促进根系生长具有极其显著的作用，随后随土壤含水量的提高肥效逐渐下降。水分条件差，多施磷肥对促进根系生长效果良好。③温度不仅对作物地上部分的生长发育产生影响，对作物地下部分根系的生长发育也有明显作用。适温和高温有利于根分枝的发生和伸长，使根系数量和根长增加；较低的土壤温度则可以延缓根细胞的衰老，延长根系的生理活性。④土壤紧实度大小直接影响着土壤中水、肥、气、热等状况，进而影响作物根系生长发育和产量形成。⑤离子（包括重金属离子和盐分离子等）在植物体内富集主要集中于根部，同时根区也是感受离子毒害最为敏感的部分。

10. 灌溉方式是否影响作物根系分布特征？

滴灌水肥一体化技术高频度灌溉以及缓慢施加少量的水肥作用于作物的根部，使作物始终处于较优的水肥条件下，从而避免了其他灌水方式产生的周期性水分过多或水分和养分亏缺的情况。然而滴灌条件下的土壤水肥分布与降雨及漫灌情况下的土壤水肥分布具有较大的差异，滴灌水分由灌水器直接滴入作物根部附近的土壤，在作物根区形成一个椭球形或球形湿润体。虽然灌水次数多，但仅湿润根区土壤，湿润深度较浅，而作物行间土壤相对保持干燥，形成了一个明显的"干湿"界面特征。因此，滴灌条件下根区表层（0～30cm）土壤含水量较高，与沟灌相比，大量有效水集中在根部。由于滴灌随水施肥的特点，养分也集中分布在由滴水形成的湿润体内，在土深50cm以下养分含量显著降低。另外，与普通沟灌相比，其独特的水肥供应方式和灌溉量使作物的整个养分吸收过程和运移机制表现出明显的差异。因此，与普通沟灌相比，滴灌水肥一体化在土壤温度、水肥分布以及盐分运移等方面均明显不同，浅层水肥供应及膜间盐分聚集加剧了作物根系贴近地表分布生长，限制了作物根系的下扎，并且使其朝滴灌带和膜内侧方向密集分布，呈极不对称的"马尾巴型"。

11. 田间如何定位滴灌作物根系分布？

根系是作物吸收养分和水分的主要器官，根系获取水分和养分的能力：一是取决于根系的生长状况（如根系的长度、重量和表面积等）；二是取决于根系在土壤中的空间分布状况。根系的形态结构决定了根系获取水分、养分的空间和范围以及与相邻根系的资源竞争能力，滴灌水肥一体化条件下，水肥供应几乎完全可以实现人为控制，这为通过管理来提高作物对水肥的利用效率提供了非常好的契机，也有助于水肥一体化过程中作物根系分布区、水分分布区、养分分布区的统一（即根区灌溉施肥）。由于土壤限制了根系的可观察性，田间条件下研究根系比较困难，长期以来根系分布仍然是水肥一体化技术应用中的一个薄弱环节。简单归纳一下，根系定位和研究方法主要有以下两类：

（1）传统方法　传统的根系研究方法，大多采用挖掘法、钻土芯法、网袋法、分根移位法等，将根系分离出来，通过洗根、扫描的方式进行根系信息的收集。传统方法虽然简单易行、直观性强，但是取样后期需要做的工作较多，如洗根等。在取样过程中，会因人工、机械等因素导致根系的损失，且同一作物的全程连续观测无法实现，在一定程度上限制了根系研究的进行。

（2）现代方法　根系原位监测系统，是一种破坏性较小、定点原位野外观察细根生长动态状况的方法。利用微根管方法可以在多个时段对根系进行原位重复观测，克服了仅依靠对根系进行物理取样所带来的诸多缺陷。但是在水肥一体化技术应用中非专业机构无法开展。

12. 水肥一体化中根区施肥和叶面施肥之间存在什么关系？

植物体内含有多种元素，但是这些元素并不一定都是植物所需要的。植物根据自身的生长发育特征来决定某种元素是否成为其所需，人们将植物体内的元素分为必需元素和非必需元素。在必需营养元素中，碳和氧来自空气，氢、氧来自水，其他必需营养几乎全部来自土壤；当土壤里不能提供作物生长发育所需的营养时，需要对作物进行人为的营养元素的补充。而植物有两张"嘴巴"，根系是它的大嘴巴，叶片是小嘴巴。大多数植物都依靠根系吸收养分，但是植物的叶片也能吸收外源物质，叶片在吸收水分的同时能够像根一样把营养物质吸收到植物体中去。根据这种原理，将不同形态和种类的养分喷施于作物叶片，供植物吸收利用的施肥方式称为根外施肥，也称为叶面施肥。作物叶面施肥具有养分吸收和肥效快、养分利用率高、养分针对性强、易于控制浓度、避免养分固定、减少环境污染、在逆境条件下可减灾抗灾等诸多优点。但是叶面吸收养分穿透率低、吸收数量少，尤其对于角质层厚的叶片；叶面施肥易从叶面滴落，喷施养分易被雨水淋失；喷施液在叶面迅速干燥，影响吸收；某些养分（如 Ca）难以从吸收部位向其他部位转移；叶面施肥提供的养分数量有限，不足以满足作物全部需要，特别是氮、磷、钾大量元素；叶面施肥配制不当，易造成叶片烧伤；叶面施肥残效时间短，需多次喷施。

　　作物虽然不会说话难以表达，但是作物和襁褓中的婴儿有很多共同之处。当外界环境不适合作物生长时，会直接影响作物的光合过程和生理代谢，从而影响作物产量。因此当作物出现营养缺乏的情况时，我们需要通过追肥补充，叶面喷施一直是广大农民朋友补充追肥的一个重要手段。但不要一味地追求叶面肥。叶面肥只是补充，千万不能本末倒置。如果大量肥料都聚集在作物叶片表面，将直接影响光合作用。但是对于中微量元素适量的叶面喷施和特殊情况下氮、磷、钾的补充是必要的。作物中后期脱肥情况的解决措施：①滴灌：随水施肥，叶片少量补充；②漫灌：采用把肥料溶于灌溉水的方式解决；③喷灌：采用基肥加控释肥的方式解决，关键时期及需肥量大的时期喷施，喷施过程中先上一遍清水，然后上肥料，最后在上一遍清水把叶片上过多的肥料残留清洗掉。

综上，植物大部分营养元素是通过根系吸收的，叶面喷肥只能起补充作用；水肥一体化是作物施肥的最有效的方法，尤其是氮、磷、钾等大量营养元素。但是在植物根系生长不良、根系活力降低、吸收能力减弱或者需要矫正植株某些微量元素缺乏症的时候，需要通过叶面营养来进行补充。另外，某些元素易被土壤固定，在其有效性低的情况下需要通过根系施肥与叶面营养相结合的方式进行施肥。

13. 肥料与施肥技术在我国经历了哪些历程？

我国应用肥料历史悠久，早在两三千年以前就有了施用有机肥的文字记载，早在春秋战国时期就有"百亩之粪""地可使肥，多粪肥田""多用兽骨汁和豆萁做肥料"等记载，这足以证明我国使用有机肥的历史。在我国古代，农民十分注重肥料技术的开发研究，创造了有机肥料积造腐熟技术等，《齐民要术》中记载了"踏粪法"，明代《宝坻劝农书》中记载了"蒸粪法、煨粪法、酿粪法"等六种积造肥料的方法。在过去相当长的一段时期内，有机肥料在我国农业生产中占据着绝对的主导地位，并随着我国农业生产的发展而不断地演变。

1809 年，智利发现硝石（硝酸钠），氮肥最早被用于农业；1842 年，英国首先利用硫酸和粪化石生产过磷酸钙，建成了世界上第一个过磷酸钙工厂；1861 年，德国开始利用光卤石生产氯化钾；1913 年，德国用 Haber - Bosch 工艺合成氨，随后开始生产硝酸和硝酸铵；1922 年，尿素在德国开始商业化生产。从而分别揭开了植物营养三要素——氮肥、磷肥、钾肥工业发展的序幕。1901 年化肥由日本传入我国台湾，1905 年传入我国大陆。1949 年前，我国只有大连化学厂和南京永利铔厂生产化肥，产品也只有硫酸铵一种。我国化肥产业是在 1949 年后，在大力发展农业的方针指导下迅速发展起来的。我国化肥产业的发展是先氮肥，后磷肥，再钾肥、复合（混）肥、水溶肥的次序。

自化肥进入我国至今已有 100 多年，这期间我国施肥技术有了日新月异的发展，大致经历了六个阶段。

第一阶段，农家肥阶段，主要指 1901 年前。当时，我国农业的肥源主要是农家肥，包括畜禽粪便、人粪尿、草木灰以及农作物秸秆堆沤物。有些地区的农民还用塘泥、河泥等作肥料。当时的施肥技术主要是作基肥，施肥方式主要是土壤撒施。有些农民也掌握了用人粪尿等作追肥的施用技术。

第二阶段，认识和验证化肥肥效阶段，主要是 1901—1950 年。此时，化肥进入我国，并在部分地区应用，化肥对农业高产的显著效果逐渐显现。国家开始进行化肥肥效试验，鼓励农民施用化肥。

第三阶段，有机肥和氮肥配合施用阶段，主要是 1950—1970 年。这 20 年中，化学氮肥对农业生产的重要意义已被农民认可，农民开始自觉地购买和施用氮肥来获得作物高产。

第四阶段，有机肥与氮、磷肥配合施用阶段，主要是 1970—1980 年。随着氮肥的大量施用，农作物的产量得到相应提高，但也加剧了土壤其他营养元素的亏缺，首先表现出的是磷，人们开始大量施用化学磷肥。

第五阶段，氮、磷、钾化肥与有机肥配合施用阶段，主要指 1980—2000 年。李比希"矿质营养学说""归还学说"和"最小养分律"等农业化学理论深入人心，平衡施肥等科学施肥理论应用到农业生产中。

第六阶段，水肥一体化阶段，2000 年至今。随着水资源紧缺的加剧和人们对农业生产经济效益升高的不断追求，施肥效益的发挥开始受到水分因素的制约。同时，一些地区也出现土壤肥力不足进而影响水分利用率的问题。水肥耦合研究开始受到人们关注。2009 年水溶肥登记标准出台，2013 年 6 月 1 日《水溶肥化工行业标准》正式实施，我国水溶肥及水肥一体化发展正式进入快车道。

14. 水肥一体化在世界是如何发展的？

公元前 400 年前，在雅典，人们用城市下水道的污水对菜园和柑橘园进行灌溉施肥，这是灌溉施肥的最初形式。现在我们看到的水肥一体化技术起源于无土栽培（营养液栽培），并伴随高效灌溉技术的发展得以发展。18 世纪末，英国人 John Woodward 将植物种植在土壤的提取液中，这是最早的水肥一体化栽培。此后法国的科学家确定了许多营养液配方。美国 1913 年建成了第一个滴灌工程；德国于 1920 年在水出流方面实现了一次突破，使水从孔眼流入土壤；1934 年美国开展滴灌管的试验；此后，苏联、英国、荷兰的一些科学家用该技术灌溉温室中的花卉和蔬菜。到了 20 世纪50 年代后期，以色列研制成功长流管式滴头解决了长期以来的滴头问题。在 70 年代，由于便宜的塑料管道大量生产，极大地促进了细流灌溉的发展，推动了细流灌或微灌系统包括滴灌、微喷雾灌以及微喷灌等技术的进步，在过去的 40 多年里，水肥一体化工程技术在全世界迅猛发展。

美国目前是世界上微灌面积最大的国家，在灌溉农业中 60%的马铃薯、25%的玉米、33%的果树均采用水肥一体化技术。现在加利福尼亚州已建立了完善的水肥一体化设施及服务体系，果树生产均采用了滴灌、渗灌等水肥一体化技术，成为世界高价值农产品现代农业生产体系的典型。德国 20 世纪 50 年代塑料工业兴起后，高效灌溉技术得到了迅速发展，而且灌水与施肥很快结合进行，发展成为一种高精度控制土壤水分、养分的农业新技术。荷兰从 20世纪 50 年代初以来，温室数量大幅增加，通过灌溉系统施用的液体肥料数量也大幅增加，水泵和用于实现养分精确供应的肥料混合罐也得到研制和开发。澳大利亚近年来水肥一体化技术发展迅速，2006—2007 年设立总额 100 亿澳元的国家水安全计划，用于发展灌溉设施和水肥一体化技术，并建立了系统的墒情监测体系，用于指导灌溉施肥。自 20 世纪 60 年代初起，以色列开始普及灌溉施肥技术，1964 年建成了用于灌溉施肥的全国输水系统，全国耕地中大约有一半以上应用加压灌溉施肥系统，包括果树、花卉、温室作物、大田蔬菜和大田作物。20 世纪 80 年代初，以色列的灌溉施肥技术应用到了自动推进机械灌溉系统，施肥系统也由过去单一的肥料罐，发展为肥料罐、文丘里真空泵和水压驱动肥料注射器等多种模式并存，并且引入电脑控制技术及设备，养分分布的均匀度显著提高。此外，水肥一体化发展较快的还有西班牙、意大利、法国、印度、日本、南非等国家。水肥一体化技术是节水、节肥的一项重要技术，欧洲很多地区并不缺水，但仍采用此项技术，考虑的是该项技术的其他优点，特别是对环境的保护效果。

15. 滴灌（水肥一体化）在我国经历了哪些发展阶段？

我国滴灌（水肥一体化）技术的发展，可分为四个阶段。第一个阶段，1975—1980 年，尝试阶段。1975 年陈永贵副总理从墨西哥引进两套滴灌设备；1977 年，新疆农垦科学院魏一谦等专家开展了园艺作物滴灌技术的试验研究，并进行了示范。但由于受当时技术以及进口设备价格昂贵等因素的限制，滴灌技术的研究与应用进展缓慢。第二个阶段，1981—1995 年，引进与研究阶段。20 世纪 80 年代，部分单位在温室大棚的蔬菜和花卉上开展了滴灌器材的研究和应用试验。第三个阶段，1996—2005 年，国产化与示范阶段。1996 年，新疆生产建设兵团引进了以色列成套滴灌设备，在兵团第八师 121 团大田作物上进行了试验示范和滴灌器材的国产化研究，取得了突破性进展，为大田作物应用滴灌技术奠定了物质基础。1998 年以后，新疆生产建设兵团开展了棉花膜下滴灌的需水规律、灌溉制度、滴灌施肥、机械化作业及相关配套高产栽培技术的试验研究，并对进口滴灌设备、器材进行了吸收、消化、改进和创新，取得了一批具有自主知识产权的滴灌设备及器材生产技术，完善了田间设计及相关农艺配套技术，大田棉花膜下滴灌蓬勃发展。到 2005 年新疆生产建设兵团滴灌面积发展到 33.3 万 hm^2，并开始向我国其他旱区辐射。第四个阶段，2006 年以后，规模化发展阶段。"十一五"以来，滴灌应用的作物由棉花增加到加工番茄、玉米、小麦、甜菜、向日葵等，而且应用地域范围逐步扩大，由新疆逐步向西北、华北、东北等地推广。截至 2013 年年底全国节水灌溉工程面积达到 0.27 亿 hm^2，滴灌面积 385.67 万 hm^2，占节水灌溉工程面积的 14%；其中 2013 年滴灌面积净增 63 万 hm^2；新疆（包括兵团）已推广了 253.33 万 hm^2，目前约有 59% 面积采用滴灌随水施肥技术（兵团达到 95% 以上）。2002 年农业部开始组织实施旱作节水农业项目。建立水肥一体化技术核心示范区，集中开展试验示范和技术集成。2012 年，国务院印发《国家农业节水纲要（2012—2020）》，强调积极发展水肥一体化。农业部下发《关于推进农田节水工作的意见》和《全国农田节水示范活动工作方案》，将水肥一体化列为主推技术，强化技术集成和示范展示；2013 年农业部还印发了《水肥一体化技术指导意见》。

第二章 作物水肥需求与水肥一体化技术

16. 土壤质地与水肥一体化之间有什么关系?

土壤质地是土壤物理性质之一,指土壤中不同大小直径的矿物颗粒的组合状况。土壤质地与土壤通气、保肥、保水状况及耕作的难易有密切关系;土壤质地状况是拟定土壤利用、管理和改良措施的重要依据。土壤质地状况是由沙粒、粉粒和黏粒在土壤中的数量决定的。土壤颗粒越小越接近黏粒,越大越接近沙粒,如:①沙粒含量高的土壤,按质地被分类为"沙土";② 当土壤中存在少量的粉粒或黏粒时,该土壤不是"壤质沙土"就是"沙质壤土";③主要由黏粒组成的土壤为"黏土";④当沙粒、粉粒和黏粒在土壤中的比例相等时,该土壤称作"壤土"。按照沙粒、粉粒和黏粒的比例不同,可将土壤质地类型划分为12类,沙土、沙质壤土、壤土、粉沙质壤土、沙质黏壤土、黏壤土、粉沙质黏壤土、沙质黏土、壤黏土、粉沙质黏土、黏土、重黏土。具体分类标准见表2-1。

表2-1 国际制土壤质地分类标准

质地分类		各级土粒重量(%)		
类别	质地名称	黏粒(<0.002mm)	粉沙粒(0.02~0.002mm)	沙粒(2~0.02mm)
沙土类	沙土及壤质沙土	0~15	0~15	85~100
壤土类	沙质壤土	0~15	0~45	55~85
	壤土	0~15	35~45	40~55
	粉沙质壤土	0~15	45~100	0~55

（续）

质地分类		各级土粒重量（%）		
类别	质地名称	黏粒（<0.002mm）	粉沙粒（0.02～0.002mm）	沙粒（2～0.02mm）
黏壤土类	沙质黏壤土	15～25	0～30	55～85
	黏壤土	15～25	20～45	30～55
	粉沙质黏壤土	15～25	45～85	0～40
黏土类	沙质黏土	25～45	0～20	55～75
	壤黏土	25～45	0～45	10～55
	粉沙质黏土	25～45	45～75	0～30
	黏土	45～65	0～35	0～55
	重黏土	65～100	0～35	0～35

　　土壤质地和结构直接影响着作物能够从土壤获得的水分与空气的数量。土壤中黏粒比大的沙粒更容易紧密地结合在一起，这意味着供空气和水占据的孔隙较少；另外，小颗粒比大颗粒具有更大的表面积，随着土壤表面积的增加，其吸附或保持水分的能力也增加。因此，由于沙土孔隙空间较大，水分能够自由地从土壤中排出，故沙土的保水保肥能力差；黏土吸附相对较多的水分，且黏土的小孔隙能够克服重力而保持水分，所以黏土保水保肥能力强。然而黏土比沙土保持的水分更紧固，这意味着其中的无效水分较多。

　　在地面灌溉条件下，无论漫灌还是滴灌，可供作物吸收利用的土壤水均依赖灌溉水通过地表进入土壤的垂直入渗过程进行补给。而土壤质地、土壤结构和土壤含水量是影响土壤水分入渗特性的主要因素，其中土壤质地占主导作用，决定着灌溉水转换为土壤水的速度和分布，进而影响到农业灌溉的灌水质量和灌水效果，是各种地面灌水方法中确定灌水技术参数必不可少的重要依据。在相同滴头流量和灌水量条件下，随着土壤种类的不同（或土壤黏性的增加），湿润体的几何尺寸逐渐变小。重壤土湿润体宽而浅，沙壤土湿润体窄而深，而且湿润体内含水率分布不相同。随着土壤种类不同，湿润锋水平和垂直运移过程的变化相反。随土壤黏性的增加，湿润锋水平运移距离依次增加，而垂直运移距离则减小。滴头流量和灌水量相同时，偏沙性土壤水平方向湿润距离小于垂直方向湿润距离；质地较细的土壤水平方向和垂直方向湿润距离接近。因此，在水肥一体化中为了实现水、肥、根三者的统一，应当根据土壤质地选择滴头流量和滴灌速度，防止形成地面径流，同时构造与作物根系分布相一致的水肥分布区。

17. 什么是土壤酸碱度？

土壤中存在着各种化学和生物化学反应，表现出不同的酸性或碱性。土壤酸碱性的强弱，常以酸碱度来衡量。土壤之所以有酸碱性，是因为在土壤中存在少量的氢离子和氢氧根离子。土壤溶液中的氢离子和氢氧根离子的构成状况形成了土壤酸碱性，当氢离子大于氢氧根离子时，称之为酸性；当氢氧根离子大于氢离子，称之为碱性，用 pH 表示。土壤的酸碱性深刻影响着作物的生长和土壤微生物的变化，也影响着土壤物理性质和养分的有效性。我国土壤酸碱性分为七级：强酸性（＜4.5）、酸性（4.5～5.5）、弱酸性（5.5～6.5）、中性（6.5～7.5）、弱碱性（7.5～8.5）、碱性（8.5～9.5）、强碱性（＞9.5）

土壤酸碱性形成机理：①土壤酸性：根据 H^+ 和 Al^{3+} 的存在方式不同，分为活性酸和潜性酸两种。活性酸指土壤溶液中的 H^+ 所表现的酸度（即 pH），包括土壤中的无机酸、水溶性有机酸、水溶性铝盐等解离出的所有 H^+ 总和。潜性酸指土壤胶体上吸附态的 H^+ 和 Al^{3+} 所能表现的酸度。活性酸与潜性酸在同一平衡体系中，是两种不同的酸度形态，可以互相转化。活性酸是土壤酸度的强度指标，潜性酸是土壤酸度的容量指标。潜性酸比活性酸大几千到几万倍。②土壤碱性：形成碱性反应的主要机理是碱性物质水解反应产生 OH^-，土壤碱性物质包括钙、镁、钠的碳酸盐和重碳酸盐，以及胶体表面吸附的交换性钠。

土壤酸碱性对作物养分及肥料有效性的影响主要包括以下几方面：①降低土壤养分的有效性，氮在 pH 6～8 时有效性较高，<6 时固氮菌活动降低，>8 时硝化作用受到抑制；磷在 pH 6.5～7.5 时有效性较高，<6.5 时易形成迟效态的磷酸铁、磷酸铝，有效性降低，>7.5 时则易形成磷酸二氢钙。②酸性土壤淋溶作用强烈，钾、钙、镁容易流失，导致这些元素缺乏；在 pH>8.5 时，土壤钠离子增加，钙、镁离子被取代形成碳酸盐沉淀，因此钙、镁的有效性在 pH 6～8 时最好。③铁、锰、铜、锌、钴五种微量元素在酸性土壤中因可溶而有效性高；钼酸盐不溶于酸而溶于碱，在酸性土壤中易缺乏；硼酸盐在 pH 5～7.5 时有效性较好。④强酸性或强碱性土壤中 H^+ 和 Na^+ 较多，缺少 Ca^{2+}，难以形成良好的土壤结构，不利于作物生长。⑤土壤微生物最适宜的 pH 是 6.5～7.5 的中性范围，过酸或过碱都会严重抑制土壤微生物的活动，从而影响氮素及其他养分的转化和供应。⑥一般作物在中性或近中性土壤生长最适宜，但某些作物如甜菜、紫苜蓿、红三叶不适宜种植在酸性土上；茶叶则要求强酸性和酸性土，中性土壤不适宜生长。⑦易产生毒害物质，土壤过酸容易产生游离态的 Al^{3+} 和有机酸；碱性土壤中可溶盐分达一定数量后，会直接影响作物的发芽和正常生长，含碳酸钠较多的碱化土壤，对作物的毒害作用更大。

18. 土壤酸碱与水肥一体化之间有什么关系？

水肥一体化中的肥效易受土壤 pH 的影响，在选择适宜的肥料时应充分考虑土壤 pH、肥料品种特性及施肥方法等诸多因素。①应选择不会引起灌溉水及土壤 pH 剧烈变化的肥料品种，常用于水肥一体化的固体肥料有尿素、硝酸铵、硫酸铵、硝酸钙、硝酸钾、磷酸、磷酸二氢钾、磷酸一铵（工业）、氯化钾、硫酸钾、硫酸镁、螯合态微肥等。②酸性土壤上宜选用碱性或生理碱性肥料，如硝酸钙等；碱性土壤中，尤其是石灰性土壤，宜选择硫酸铵等酸性和生理酸性肥料，提高土壤酸度，使磷不易与钙结合生成难溶的磷酸钙盐类物质而降低磷的有效性，也可提高硼、锰、钼、锌、铁、铜的有效性。③盐碱地 pH 偏高，磷的利用率低、有效性差，在施肥上应增施水溶性磷肥。反之，长期在酸性土壤上单独施用酸性肥料，会使土壤酸化、板结化和贫瘠化；而在石灰性或碱性土壤上，偏施碱性或生理碱性肥料，会造成土壤次生盐碱化、结构恶化和肥力退化。

19. 什么是作物需水规律？

作物需水规律即作物生育期内各生育阶段作物需水耗水的变化规律，通过对作物需水规律的研究可以确定作物的需水特性和需水临界期。作物需水量是指作物在适宜的外界环境条件下（包括对土壤水分、养分充分供应）正常生长发育达到或接近达到该作物品种的最高产量水平所消耗的水量。

作物需水量的概念应根据研究目的不同而有不同的定义。农学家以产量为研究目的，将生产单位产量干物质所需的水分供给量定义为作物需水量；水利学家以灌溉量为研究目的，将充分供水条件下的农田蒸散速率定义为需水量。因此有人将作物水分利用与消耗区分为生理需水和生态需水。生理需水是直接用于植物生长发育过程的水分，为生产性用水，表现为生理性水分散失和生化作用等，主要的水分支出为气孔蒸腾；生态需水为作物适应特定的生态环境或人为创造适宜生态环境所需的水分，为非生产性的用水，表现为棵间蒸发。

在正常生育状况和最佳水、肥条件下，作物整个生育期中，农田消耗于蒸散的水量一般以可能蒸散量表示，即植株蒸腾量与株间土壤蒸发量之和，以 mm 计。作物需水量是研究农田水分变化规律、水分资源开发利用、农田水利工程规划和设计、分析和计算灌溉用水量等的依据之一。影响田间作物需水量的主要因素有气象条件、作物种类、土壤性质和农业措施等。气温高、空气干燥、风速大，作物需水量就大；生长期长、叶面积大、生长速度快、根系发达以及蛋白质或油脂含量高的作物需水量就大；就生产等量的干物质而言，多数 C3 作物需水量大于 C4 作物。近年来研究表明，作物本身具有生理节水与抗旱能力，作物各生育阶段的需水量不同，同时各生育阶段对水分的敏感程度也不同，作物任何时期缺水都会对其生长发育产生影响。作物在不同生育阶段对缺水的敏感程度不同，通常把作物整个生育期中对缺水最敏感、缺水对产量影响最大的生育期称为作物需水临界期或需水关键期。需水临界期是作物全生育期中对缺水最敏感的时期，各种作物需水临界期不完全相同，但大多数出现在从营养生长向生殖生长的过渡阶段，例如小麦在拔节孕穗期、棉花在开花结铃期、玉米在抽雄至乳熟期、水稻为孕穗至开花期。简而言之，作物需水规律是指不同区域不同作物不同生育阶段满足作物正常生长发育达到或接近到该作物品种的最高产量水平所消耗的水量的时间分配特征。

20. 如何确定作物需水规律？

大田作物需水规律的确定也就是作物各生育期田间需水量变化情况的确定，目前有多种方法可用于估算作物需水量，概括起来有两类：①直接计算法，如 Jensen‐Haise 法、Ivanov 法、Blaney‐Criddle 法、Hargeres、Van Bavel‐Bhsinger 蒸渗仪、红外遥感技术、水量平衡法等可直接估算作物需水量；②通过参考作物蒸发蒸腾量 ET_0 与作物系数 K_c 计算的方法等。目前普遍采用的作物田间需水量的确定方法主要有水量平衡法和蒸渗仪测定法。采用水量平衡法确定作物需水量首先要测定计划湿润层内土壤含水量，计算土壤水量平衡的最短时间间隔通常为一周，间隔时段过长会影响测量精度，土壤含水量的测定方法主要有土钻法、中子仪、TDR 法等，TDR 法精确性高、稳定好，作为一种连续、准确测量土壤含水量的方法在蒸散测定方面得到了广泛应用。水量平衡法简单实用，但需水量测定精度较低。蒸渗仪法是利用完全封闭的容器进行作物需水量的测定，可以精确测定由灌溉、降雨和作物蒸发蒸腾所引起的土壤含水量变化。当前最为常用的为大型称重式蒸渗仪，可以较为精确地测定作物日需水量强度，可以有效地得到作物生育期需水量变化规律，精度较高。然而直接计算作物需水量的方法均为经验公式，采用气象因子与作物需水量的经验关系进行计算。由于经验公式有较强的区域局限性，其应用范围受到很大的限制。

目前，国际上较通用的作物蒸发蒸腾量 ET_0 计算方法是通过参考作物需水量来计算作物各阶段需水量的方法。标准条件下的作物需水量 ET_c 可通过 K_c 确定，即 $ET_c = ET_0 \times K_c$。需要实现自动化测报作物需水量 ET_c、参考蒸发蒸腾量 ET_0 及作物系数 K_c。参考蒸发蒸腾量 ET_0，顾名思义，它是一个参考值，是蒸发蒸腾量的参考、参照值。蒸发蒸腾是地球水循环中最重要的环节之一。水分从植物体表面（主要是叶片）以水蒸气状态散失到大气中的过程叫做蒸腾，土壤中水分汽化进入大气的过程叫做蒸发，合称蒸发蒸腾。由于组成植物体中的水分与蒸发蒸腾所消耗的水分相比微乎其微，因此，可以认为植株的需水量就等于植株蒸腾量和棵间土壤蒸发量之和。与蒸发蒸腾量相关的因素可以分为三大类：气象因素、作物因素、土壤因素。对于 ET_0 的计算，世界上公认的是彭曼公式，它被认为理论上是最严密的，实用上是最方便的，计算精度是最高的。K_c 是参考蒸发蒸腾量 ET_0 和作物需水量 ET_c 的比值，ET_c 需要通过实验的方式获得。使用大型蒸渗仪可以获得 ET_c 数据，但实验成本太高。最新的无线智能管式多深度土壤水分仪，能够实时监测从地表到 1 米深土层含水量的变化量。通过对作物耗水状态的智能识别，实现自动计算 ET_c 数据。结合作物类型数据、作物生长状态，判断作物耗水状态，从而计算出作物理想耗水量 ET 值，即视为作物在当前状态下的需水量 ET_c 数值。农作物在当前生长阶段当前位置环境下单作物系数 K_c 可由公式 $K_c = ET_c / ET_0$ 计算得出。在国外农业发达国家，联合国粮农组织的推荐方案中，也仅把作物全生育期的作物系数 K_c 划分为 $K_{c\,ini}$、$K_{c\,mid}$ 和 $K_{c\,end}$ 三个阶段。基于上述作物系数 K_c 可自动获得，目前已经实现按 d 计算作物系数 K_c 数值，形成了以 d 为单位的作物系数 K_c 曲线。由

于作物系数 K_c 数值大量丰富，这为发现反应作物特性作物系数 K_c 背后的更多规律提供了可能。

21. 如何确定作物灌溉制度？

灌溉制度是为了保证作物适时播种（或栽秧）和正常生长，通过灌溉向田间补充水量的灌溉方案。灌溉制度的内容包括灌水定额、灌水时间、灌水次数和灌溉定额。灌水定额是一次灌水在单位面积上的灌水量，生育期各次灌水的灌水定额之和即为灌溉定额。灌水定额和灌溉定额常以 m^3/hm^2 或 mm 表示，它是灌区规划及管理的重要依据。充分灌溉条件下的灌溉制度，是指灌溉供水能够充分满足作物各生育阶段的需水量要求而设计制定的灌溉制度。

作物水肥一体化高效灌溉制度是以最少的灌溉水量投入获取最高效益而制定的灌溉方案。灌溉制度的制定主要是每次灌水时间和灌水定额的确定，具体方法为总结群众丰产经验、进行灌溉试验、按水量平衡原理进行计算和根据作物的生理指标制定灌溉制度。下面以棉花为例分别阐述三种灌溉制度建立方法。①基于经验的丰产灌溉制度。在获得早苗、壮苗的基础上，增施肥料、合理灌溉并采用一系列的综合栽培技术，充分满足棉花对肥水的需求，促使棉苗早发育，确保多坐伏前桃、伏桃和秋桃，减少蕾铃脱落，是获得棉花丰产的重要途径。经过多年的实践、摸索，各地群众根据长期的生产调查和植棉灌溉技术总结，在棉花丰产灌溉技术方面有了很大的提高和创造。棉田灌溉方面的基本经验可以归纳为如下：加强出苗前土壤保墒，棉田冬（春）季储水灌溉，苗期浇"头水"宜晚，以促使棉苗"敦实健壮"，早发育；在土壤表面墒情不足，不能满足播种、出苗时进行灌溉；在蕾期浇好现蕾水能显著增加伏前桃；要保证花铃期充分供水，维持比较高的土壤湿度，增蕾、增铃，减少脱落，并防止早衰；此外为充分利用生长期，丰产棉田可适当推迟停水期，满足棉株对水分的需要，大抓秋桃。②基于灌溉试验制定棉花灌溉制度。长期以来，我国各地的灌溉试验站已进行了多年的灌溉试验工作，积累了一大批相关的试验观测资料，这些资料为制定棉花灌溉制度提供了重要依据。棉花膜下滴灌属"浅灌勤灌"，蕾期和花铃期灌水密集，这两个生育阶段的灌水定额可为 $26\sim35mm$，蕾期灌水周期为 $9\sim10d$，花铃期灌水周期为 $7\sim8d$。③基于水量平衡原理的灌溉制度。以棉花各生育期内土壤水分变化为依据，从对作物充分供水的观点出发，要求在棉花各生育期内计划湿润层内的土壤含水量维持在棉花适宜水层深度或土壤含水量的上限和下限之间，降至下限时则应进行灌水，以保证棉花充分供水。应用时一定要参考、结合前几种方法的结果，这样才能使得所制定的灌溉制度更为合理与完善。棉花的耗水量随着灌溉量的增加而增大，在北疆棉田适宜的滴灌灌溉量为 $3\,900m^3/hm^2$，棉花最大蒸散量出现在花铃期，其中开花至吐絮期，耗水量 240.96mm，最大耗水时段为现蕾至吐絮期，日均耗水量 $3.29\sim4.15mm$。④根据作物的生理指标制定灌溉制度。棉花对水分的生理反应可从多方面反映出来，利用作物各种水分生理特征和变化规律作为灌溉指标，能更合理地保证作物的正常生长发育和它对水分的需要。目前可用于确定灌水时间的生理指标包括：冠层—空气温度差、细胞液浓度和叶组织的吸水力、气孔开张度和气孔阻力等。在生产实践中，常把上述四种方法结合起来使用，根据设计年份的气象资料和作物的需水要求，参照群众丰产经验和灌溉试验资料，结合作物生理指标，根据水量平衡原理拟定作物灌溉制度。

22. 作物耗水与产量之间有什么关系？

作物耗水量包括作物蒸腾量和棵间蒸发量，是指作物从种到收的整个生育期消耗的水量，以 mm 或 m^3/hm^2 计。对干旱田，作物田间耗水量即作物需水量；对于水稻田，为作物需水量与渗漏量之和；对于滴灌水肥一体化，作物耗水量与作物的需水量基本一致。作物田间耗水量是规划、设计灌溉工程和计划用水的基本依据。气象条件（光照、温度、湿度、风速、气压等）、品种特性、土壤性质、土壤湿度、产量水平和农业技术措施等显著影响耗水量的大小及其变化规律。我国地域广阔，自北向南气候变化较大，因此形成了多样的气候条件，不同生态地区作物耗水量不同。作物生产的最终目的，就是通过进行合理的栽培管理，在充分利用环境资源的条件下，尽可能获取较高的产量。营养生长与生殖生长是构成作物个体发育的两个基本过程，两者有着相互制约和相互促进的关系，其中营养生长与生殖生长的协调性是产量高低的标志。作物产量与耗水量关系也称作物水分生产函数。作物产量与耗水量基本呈二次函数关系，即随着耗水量增加，作物产量逐渐提高，但当作物产量提高到一定程度之后，随耗水量的进一步增加，产量开始逐渐降低，因此，在实际灌溉应用中，并不是灌得越多越好，灌溉定额过高反而不利于作物产量的提高，也会导致水资源的浪费，只要保证在作物关键生育期让作物"喝足"，就可以实现作物产量和水分利用效率的提高。

23. 水肥一体化下如何确定作物灌水量及最优灌溉定额？

应用水肥一体化技术最常见的问题是过量灌溉，农户总担心水量不够，人为延长灌溉时间，当不结合施肥时，过量灌溉最多是水的浪费，但当利用水肥一体化技术时，就会产生非常严重的后果，过量灌溉后，溶解于灌溉水的养分会随水淋洗到根层以下，使随水施入的肥料难以被根系吸收，对壤土和黏土而言，流失的主要是尿素、硝态氮，造成作物缺氮，对沙土而言，过量灌溉后，各种养分都会被淋洗掉。因此，水肥一体化技术下作物灌水量的确定是十分重要的，合理的灌水量是以作物根层土壤湿润为原则，在实际灌溉中，挖开土壤查看湿润的深度，根系层湿润了，就立刻停止灌溉，记录每次灌水量。

灌溉定额是实际中最直接应用在作物灌溉中的灌水参数，利用作物产量与灌溉定额的关系可以建立灌溉模型，有效指导灌溉实践。作物产量与灌溉定额基本是二次抛物线关系，即 $Y = aW^2 + bW + c$，

Y 为作物产量，W 为灌溉定额，该灌溉模型的建立需要通过不同灌溉定额处理的田间小区试验来进行确定，利用田间灌溉试验数据和产量数据拟合作物产量和灌溉定额的二次函数关系，进一步确定作物产量最高的最优灌溉定额。

24. 作物对养分需求有哪些？

植物体内含有多种元素，但是这些元素并不一定都是植物所需要的。植物根据自身的生长发育特征来决定某种元素是否成为其所需，人们将植物体内的元素分为必需元素和非必需元素。按照国际植物营养学会的规定，植物必需元素在生理上应具备 3 个特征：对植物生长或生理代谢有直接作用；缺乏时植物不能正常生长发育；其生理功能不可用其他元素代替。据此，植物必需元素共有 17 种：碳（C）、氢（H）、氧（O）、氮（N）、磷（P）、钾（K）、钙（Ca）、镁（Mg）、硫（S）、铁（Fe）、锰（Mn）、锌（Zn）、铜（Cu）、钼（Mo）、硼（B）、氯（Cl）和镍（Ni），另外 4 种元素钠（Na）、钴（Co）、钒（V）、硅（Si）不是所有作物都必需的，但对某些作物的生长是必需的，缺乏它们也不行。这 17 种必需元素被划分为非矿质和矿质营养元素两大类。①非矿质营养元素，包括碳（C）、氢（H）和氧（O）。这些养分存在于大气 CO_2 和水中，作物通过光合作用可将 CO_2 和水转化为简单的碳水化合物，进一步生成淀粉、纤维素或生成氨基酸、蛋白质、原生质，还可能生成作物生长所必需的其他物质。②矿质营养元素，包括来自土壤的 14 种营养元素，人们可以通过施肥来调节控制它们的供应量，这是我们以后将讨论的重点。根据植物需要量的大小，必需营养元素分为大量元素包括氮（N）、磷（P）、钾（K）；中量元素有硫（S）、钙（Ca）、镁（Mg）；微量元素是硼（B）、铁（Fe）、铜（Cu）、锌（Zn）、锰（Mn）、钼（Mo）、氯（Cl）、镍（Ni）。它们在作物体中同等重要，缺一不可。无论哪种元素缺乏，都会对作物生长造成危害。同样，某种元素过量也会对作物生长造成危害，因为一种元素过量意味着其他元素短缺，各矿物养分吸收形式及其生理作用及缺素症见表2-2。

表2-2 矿质元素在植物体内的可利用形式、生理作用、缺素症

矿质元素	可利用形式	生理作用	缺素症
N	NH_4^+, NO_3^-	蛋白质、核酸、叶绿素、酶等的主要成分	植株矮小，分枝、分蘖少，老叶变黄或发红
P	HPO_4^{2-}, $H_2PO_4^-$	用于生成磷脂、磷酸化合物等	植株矮小，分枝、分蘖少，叶色暗绿或紫红
K	K^+	酶活化剂，渗透调节物质，控制气孔开放，电荷平衡剂	叶片缺绿，叶缘枯焦，茎秆柔弱易倒伏
S	SO_4^{2-}	蛋白质中二硫键的形成，-SH，辅酶A的合成	幼叶黄白色或因花色素积累而发红
Ca	Ca^{2+}	细胞壁形成、细胞分裂有关，第二信使	叶尖钩状，严重时生长点坏死
Mg	Mg^{2+}	叶绿素、DNA、RNA等组成成分	老叶脉间失绿，严重时形成坏死斑点，叶片脱落或枯黄
B	BO_3^{3-}, $B_4O_7^{2-}$	促进花粉萌发和花粉管的伸长	花药、花丝萎缩，顶芽坏死
Fe	Fe^{2+}, Fe^{3+}	合成细胞色素、Fd、过氧化氢酶	幼嫩叶缺绿，呈黄白色
Cu	Cu^{2+}	质体蓝素、氧化还原酶的重要元素	叶片黑绿、卷皱、畸形，植株萎蔫
Zn	Zn^{2+}	酶组分或活化剂，参与IAA合成	幼叶、茎生长受阻，产生小叶病和丛叶症
Mn	Mn^{2+}	DNA、RNA合成酶的活化剂	幼叶、中等叶龄叶片脉间失绿，有杂色斑点，禾谷科通常表现在老叶

（续）

矿质元素	可利用形式	生理作用	缺素症
Mo	MoO_4^{2-}	氮代谢酶组分	叶片小、失绿、坏死斑点，叶缘枯焦向内卷曲
Cl	Cl^-	水光解酶活化剂	叶片小、失绿萎蔫或坏死，根生长慢、根尖粗
Ni	Ni^{2+}	脲酶、氢化酶辅基	叶尖、叶缘坏死

25. 如何确定大田作物养分需求规律？

作物养分需求规律（也称需肥规律）是指农作物不同生育时期对氮、磷、钾等各种营养元素的吸收特征，不同农作物的养分吸收规律不尽相同，且同一作物各生育时期对不同养分元素的吸收量也不相同。通常，大田作物养分需求规律的确定需在充足养分供应条件下，在各时期采集作物植株样品，分析植株体内氮、磷、钾含量进行确定。目前，各种农作物的需肥规律基本上均有数据资料可以查询，主要农作物的需肥规律如下：

（1）小麦需肥规律 冬小麦营养生长阶段包括出苗、分蘖、越冬、返青、起身、拔节；生殖生长阶段包括孕穗、抽穗、开花、灌浆、成熟。冬小麦返青以后吸收养分速度增加，从拔节至抽穗是吸收和积累干物质最快的时期。氮素吸收的最高峰是从拔节到孕穗，开花以后，对养分的吸收率逐渐下降。冬小麦是越冬作物，如在苗期根系弱时遇干旱和严寒，土壤供磷和作物吸收能力会大幅下降，影响麦苗返青和分蘖，此时再追施磷肥也很难补救，所以应在苗期，即磷素营养临界期，施足磷肥尤其重要。春小麦产量偏低，生育期短，仅100～120d。小麦从出苗到拔节，施肥主攻目标是加强根系生长、分蘖和有机质合成；从拔节到抽穗，施肥是为了促进茎叶生长、增加有效分蘖数量和穗大；从抽穗到成熟期，则以增加粒数、粒重和蛋白质含量为主。小麦吸收的氮、磷、钾养分数量和在植株内的分配，受品种、气候、土壤、耕作等条件影响。一般每生产麦粒 100kg，需吸收氮（N）2.6～3.0kg、磷（P_2O_5）1～1.4kg、钾（K_2O）2～2.6kg，N：P_2O_5：K_2O 平均为 2.8：1.2：2.3，即 1：0.4：0.8。

（2）玉米需肥规律　每生产 1 000kg 玉米籽粒，春玉米氮、磷、钾的吸收比例约为 1：0.3：1.5，吸收氮（N）35～40kg、磷（P_2O_5）12～14kg、钾（K_2O）50～60kg。夏玉米氮、磷、钾的吸收比例约为 1：（0.4～0.5）：（1.3～1.5），吸收氮（N）25～27kg、磷（P_2O_5）11～14kg、钾（K_2O）37～42kg。玉米不同生育期对养分吸收特点不同，春玉米与夏玉米相比，夏玉米对氮、磷的吸收更集中，吸收峰值也早。一般春玉米苗期（拔节前）吸氮仅占总量的 2.2%，中期（拔节至抽穗开花）占51.2%，后期（抽穗后）占 46.6%；夏玉米苗期吸氮占 9.7%，中期占 78.4%，后期占 11.9%。春玉米吸磷，苗期占总量的1.1%，中期占 63.9%，后期占 35.0%；夏玉米苗期吸收磷占10.5%，中期占 80%，后期占 9.5%。玉米对钾的吸收，春、夏玉米均在拔节后迅速增加，且在开花期达到峰值，吸收速率大，容易导致供钾不足，出现缺钾症状。玉米对锌敏感，适量的锌可提高产量。

（3）棉花需肥规律　棉花每形成 1 000kg 皮棉，约需要吸收氮（N）133.5kg、磷（P_2O_5）46.5kg、钾（K_2O）133.5kg；每 1 000千克籽棉需吸收氮（N）50kg、磷（P_2O_5）18kg、钾（K_2O）40kg，其吸收比例为 1：0.36：0.8。棉花在苗期，吸收氮 5%、有效磷 3%、有效钾 3%；现蕾期到初花期，吸收氮 11%、有效磷7%、有效钾 9%；从初花期到盛花期，吸收氮 56%、有效磷24%、有效钾 36%；盛花期到始絮期，吸收氮 23%、有效磷52%、有效钾 42%；吐絮后，吸收氮 15%、有效磷 14%、有效钾10%。可见，棉花吸肥高峰期在花铃期，氮肥吸收高峰期在盛花期，磷、钾吸收高峰在盛花期至吐絮期。

（4）水稻需肥规律　每形成 1 000kg 稻谷，需要吸收硅175～200kg、氮（N）16～25kg、磷（P_2O_5）6～13kg、钾（K_2O）14～31kg。吸收氮、磷、钾的比例约为 1：0.5：1.2。杂交水稻的吸钾量一般高于普通水稻。水稻不同生育时期的吸肥规律是：分蘖期吸收养分较少，幼穗分化到抽穗期是吸收养分最多和吸收强度最大的时期；抽穗以后一直到成熟，养分吸收量明显减少。南北稻区土壤不同，在施肥配比上有所差别。南方土壤多偏酸，磷素较为丰富，缺钾；北方稻田多偏碱，缺磷，施磷后易被土壤固定，钾相对丰富。所以，南方水稻较合理的氮、磷、钾之比为 1：（0.3～0.5）：（0.7～1.0），平均为 1：0.4：0.9；北方水稻施肥的氮、磷、钾比例以 1：0.5：0.5 较为合适。

26. 什么是100kg 籽粒养分需求量?

养分的吸收、同化与转运直接影响着作物的生长和发育，从而影响着产量。了解养分吸收动态变化规律，有助于采取有效措施调控作物生长发育、提高产量。农作物每生产 100kg 籽粒所吸收的氮、磷、钾等矿质营养元素的数量及比例，即作物每生产一单位经济产量从土壤中所吸收的养分量，常借鉴已有的数据，如《肥料手册》及其他文献。由于作物品种不同，施肥与否、耕作栽培和环境条件存在差异，同一作物所需养分量并不是恒值且差异颇大。

作物种类不同，在其生长发育过程中，各自需要一定的营养条件，如营养元素的种类、数量、比例等，同一作物的不同生育阶段，对营养元素的需要也是有一定规律的。同时，它也受多种因素的影响，因此植株养分测试具有重要意义。植株养分测试的方法包括：化学分析法、生物化学法、酶学方法、物理方法。化学分析用法是最常用的、最有效的植株测试方法，按分析技术的不同，又将其分为植株常规分析和组织速测，植株常规分析多采用干样品，组织测定指分析新鲜植物组织汁液或浸出液中活性离子的浓度，前一方法是评价植物营养的主要技术，后者具有简便、快速的特点，宜于田间直接应用。生物化学法是测定植株中某种生化物质来表征植株营养状况的方法，如测定水稻叶鞘或叶片中天门冬氨酸，或用淀粉—碘反应作为 N 的营养诊断法。酶学方法：作物体内某些酶的活性与某些营养元素的多少有密切关系，根据这种酶活性的变化，即可判断某种营养元素的丰缺。物理方法：如叶色诊断，叶片颜色→叶绿素→N。主要农作物的 100kg 籽粒养分需求量如表 2-3。

表 2-3 主要作物 100kg 产量所吸收氮、磷、钾养分量（kg）

作物	氮 (N)	磷 (P_2O_5)	钾 (K_2O)	作物	氮 (N)	磷 (P_2O_5)	钾 (K_2O)
冬小麦	3.00	1.25	2.50	卷心菜	0.41	0.05	0.38
春小麦	3.00	1.00	2.50	胡萝卜	0.31	0.10	0.50
大麦	2.70	0.90	2.20	茄子	0.33	0.10	0.51
荞麦	3.30	1.60	4.3	番茄	0.45	0.15	0.52
玉米	2.68	1.13	2.36	黄瓜	0.40	0.35	0.55
油菜	5.80	2.50	4.30	萝卜	0.60	0.31	0.50
谷子	2.50	1.25	1.75	洋葱	0.27	0.12	0.23
高粱	2.60	1.30	3.00	芹菜	0.16	0.08	0.42
水稻	2.10	1.25	3.13	菠菜	0.36	0.18	0.52
棉花	5.00	1.80	4.00	甘蔗	0.19	0.07	0.3
烟草	4.10	1.00	6.00	大葱	0.30	0.12	0.40
芝麻	8.23	2.07	4.41	苹果	0.30	0.08	0.32
花生	6.80	1.30	3.80	梨	0.47	0.23	0.48
大豆	7.20	1.80	4.00	柿	0.54	0.14	0.59
甘薯	0.35	0.20	0.55	桃	0.45	0.25	0.70
马铃薯	0.50	0.20	1.06	葡萄	0.55	0.32	0.78
甜菜	0.40	0.15	0.60	西瓜	0.25	0.02	0.29

注：块根、茎根为鲜重，籽粒为风干重。

27. 水肥一体化下如何确定作物施肥总量?

作物施肥总量的确定需要根据作物的养分需求规律、农田土壤供肥特性与肥料效应等进行综合考虑,才能提出氮、磷、钾和微量元素肥料的适宜用量和比例及其相应的施肥技术。目前,确定作物的推荐施肥量的方法归纳起来有三大类七种方法:①地力分区法;②目标产量配方法,包括养分平衡法、地力差减法和土壤有效养分矫正系数法;③田间试验法,包括肥料效应函数法、养分丰缺指标法和氮、磷、钾比例法。这些方法实质上可分属两类,即:注重田间试验生物统计的肥料效应函数法和偏重于土壤测试的测土施肥法如养分平衡法、土壤养分丰缺指标法等。

(1) 地力分区法　利用土壤普查、耕地地力调查和当地田间试验资料,把土壤按肥力高低分成若干等级,或划出一个肥力均等的田片,作为一个配方区,再应用资料和田间试验成果,结合当地的实践经验,估算出这一配方区内比较适宜的肥料种类及其施用量。这一方法的优点是较为简便,提出的肥料用量和措施接近当地的经验,方法简单,群众易接受。缺点是局限性较大,每种配方只能适应于生产水平差异较小的地区,而且依赖于一般经验较多,对具体田块来说针对性不强。在推广过程中必须结合试验示范,逐步扩大科学测试手段和理论指导的比重。

(2) 目标产量配方法　根据作物产量的构成,由土壤本身和施肥两个方面供给养分的原理来计算肥料的用量。先确定目标产量,以及为达到这个产量所需要的养分数量,再计算作物除土壤所供给的养分外,需要补充的养分数量,最后确定施用多少肥料。

①养分平衡法:根据作物目标产量需肥量与土壤养分测定值计算的土壤供肥量之差估算作物的施肥量,通过施肥补足土壤供应不足的那部分养分,可按下列公式计算:

每 $667m^2$ 施肥量(kg)=(目标产量所需养分总量-土壤供肥量)/(肥料中养分含量×肥料当季利用率)。养分平衡法涉及目标产量、作物需肥量、土壤供肥量、肥料利用率和肥料中有效养分含量 5 个参数，目标产量确定后因土壤供肥量的确定方法不同，形成了地力差减法和土壤有效养分校正系数法两种。

②地力差减法：根据作物目标产量与空白田产量之差来计算施肥量的一种方法，作物在不施任何肥料的情况下所得产量即为空白田产量，它所吸收的养分全部取自土壤。从目标产量中减去空白田产量，就应是施肥所得的产量，可按下列公式计算：

每 667m² 施肥量（kg）＝作物单位产量养分吸收量×（目标产量－空白田产量）/（肥料中养分含量×肥料当季利用率）

③土壤有效养分校正系数法：通过测定土壤有效养分含量来计算施肥量，可按下列公式计算：

每 667m² 施肥量（kg）＝（作物单位产量养分吸收量×目标产量）－（土壤养分测定值×0.15×校正系数）/（肥料中养分含量×肥料当季利用率）

注意：a. 式中作物单位产量养分吸收量×目标产量＝作物吸收量；b. 土壤测定值×0.15×校正系数 ＝ 土壤供肥量；c. 土壤养分测定值以 mg/kg 表示，0.15 为养分换算系数，校正系数是通过田间试验获得。

（3）田间试验法　通过简单的单一对比，或应用较复杂的正交、回归等试验设计，进行多点田间试验，从而选出最优处理，确定肥料施用量。

①肥料效应函数法：采用单因素、二因素或多因素的多水平回归设计进行布点试验，将不同处理得到的产量进行数理统计，求得产量与施肥量之间的肥料效应方程式。根据其函数关系式，可直观地看出不同元素肥料的不同增产效果，以及各种肥料配合施用的互作效果，确定施肥上限和下限，计算出经济施肥量，作为实际施肥量的依据。这一方法的优点是能客观地反映肥料等因素的单一和综合效果，施肥精确度高，符合实际情况，缺点是地区局限性强，不同土壤、气候、耕作、品种等需布置多点不同试验。

②养分丰缺指标法：这是田间试验法中的一种。此法利用土壤

养分测定值与作物吸收养分之间存在的相关性，对不同作物通过田间试验，根据在不同土壤养分测定值下所得的产量分类，把土壤的测定值按一定的级差分等，制成养分丰缺及应该施肥量对照检索表。在实际应用中，只要测得土壤养分值，就可以从对照检索表中，按级确定肥料施用量。

③氮、磷、钾比例法：此法也是田间试验法的一种。原理是通过田间试验，在一定地区的土壤上，取得某一作物不同产量情况下各种养分之间的最佳比例，然后通过对一种养分的定量，按各种养分之间的比例关系，来决定其他养分的肥料用量，如以氮定磷、定钾，以磷定氮，以钾定氮等。

28. 如何确定灌溉施肥周期？

作物的生育期内对养分的需求通常有两个极其重要的时期，即作物营养临界期和作物营养最大效率期。在生产中作物施肥时期的确定，应及时满足作物在这两个时期对养分的要求，才能显著提高作物产量。作物营养临界期是指在作物生育过程中，有一时期对某种养分要求绝对量不多，但很敏感。此时如缺乏这种养分，对作物生长的影响极其明显，由此造成的损失，即使以后补施该种养分也很难纠正和弥补。同一种作物，对不同种类的养分来说，其临界期也不完全相同。一般作物的营养临界期发生在作物幼苗时期。大多数作物，磷的临界期都在幼苗期。作物幼苗期正是由种子营养转向土壤营养的转折时期，也称为离乳期。此时作物种子中所贮藏的磷已近于用尽，而根系还很弱小，它既与土壤接触面小，又表现为吸收能力差，例如棉花一般在出苗后 10～20d，玉米在三叶期。从磷的作用和它在土壤中的变化特点来看，磷对促进根系发育有明显的作用，由于土壤中有效磷一般含量不高，且移动性差，所以苗期施用磷肥是满足作物扎根的迫切需要。在水肥一体化施肥技术中，在滴出苗水时应适量滴施少量速效性磷肥，常能起到极其明显的增产效果。氮的临界期，一般比磷晚些，往往是在营养生长转向生殖生长的时候，例如冬小麦是在分蘖和幼穗分化两个时期。生长后期补施氮，只能增加茎叶中氮素含量，对增加穗粒数或产量已不可能有明显作用。棉花氮的临界期是在现蕾初期，如此时缺氮，花蕾少且易脱落，对提高产量有不利的影响。有关钾的临界期问题，试验资料很少，有资料认为水稻钾的临界期在分蘖期和幼穗分化期。作物营养最大效率期是指在作物生长发育过程中，植物需要养分的绝对数量最多，吸收速率最快，肥料的作用最大，增产效率最高，这时就是作物营养最大效率期。此时作物生长旺盛，对施肥的反应最为明显，生长迅速。但是，各种营养元素的最大效率期是不一致的。例如玉米氮素最大效率期在喇叭口到抽雄初期，冬小麦在拔节到抽穗期，棉花在开花结铃期，水稻在拔节到抽穗期。在水肥一体化中，根据作物营养最大效率期的特点，常采取适时追肥的方式，以满足作物对养分的最大需要，促进增产。所以，在作物营养的最大效率期追肥可获得最佳施肥效果。

29. 水肥一体化后土壤中水分的分布是怎样的？

滴灌灌溉水以水滴状或细流状的方式落于土壤表面，在表面形成一个小的饱和区，随着滴水量的增加饱和区逐渐扩大，同时由于重力和毛管力的作用，饱和区的水向各方向扩散，形成一个土壤湿润体并逐渐扩大。滴灌结束后，在一定时间内土壤湿润体继续扩大，达到稳定状态。不同土壤质地由于孔隙率不同，以及重力作用和毛管力作用的相对差异，土壤湿润区的形状明显不同，粗粒土的湿润体比较窄长，细粒土的湿润区比较宽扁。在均质土壤条件下，滴头流量越大，宽深比越大。整体上讲，滴灌水分由灌水器直接滴入作物根部附近的土壤，在作物根区形成一个椭球形或者球形湿润体。虽然灌水次数多，但湿润的作物根区土壤湿润深度较浅，而作物行间土壤保持干燥，形成了一个明显干湿界面特征，因此滴灌条件下作物根区表层（0~30cm）土壤含水量较高，与沟灌相比，大量有效水集中在根部。

喷灌时，灌溉水通过喷头以雨滴形式降落到土壤表面，在重力和毛管力的作用下下渗，喷灌开始后，土壤表面形成很薄的饱和层，然后饱和层逐渐增厚直到喷灌结束，当计划湿润深度内为均质土壤时，由于重力和毛管力的作用，在喷洒结束后的较短时间计划湿润层内土壤水趋于均匀，而实际上，因表面蒸发和下层毛管力作用，计划湿润层内土壤剖面水分是不均匀的，通常是表层和底层土壤含水量较低。另外，喷灌灌溉水的水平分布是不均匀的，在喷灌面积内不同位置土壤接受的喷洒水量是不可能完全相等的，这是因为喷灌降落在地面各个位置的水量有差异，加之地形高差会使地面水向低处流动，因此，喷灌情况下不同位置的土壤水量是不均匀的，需要通过研究影响喷灌土壤水分水平分布均匀度的因素，来进行喷灌系统设计和运行。

30. 滴灌土壤水分是怎样运移的？其影响因素有哪些？

滴灌土壤水分运动规律的研究是正确设计滴灌系统和高效管理田间作物水盐的前提与基石。滴灌条件下水分在土壤中的运动为三维入渗问题，灌水器提供的水分在土壤孔隙中运移，在水平横向、水平纵向和垂直方向等各个方向上水分变化均不相同。水平方向水分运移的作用力主要是基质势梯度；而垂直方向水分运移作用力除基质势梯度外，还有重力势梯度，尤其当入渗历时不断增加时，重力势作用会越来越明显。在入渗开始时，土壤湿润体的体积很小，在湿润锋处形成非常高的基质势梯度，湿润锋的推进速率较高。随着水分不断入渗，湿润体体积不断扩大，积水面到湿润锋边缘处的基质势梯度急剧减小，导致湿润锋推进速率随入渗时间延长迅速减小。供水停止后，上层的水分逐渐递减，而下层土壤的水分逐渐增加，且随着时间的延长，水分变化的速率越来越慢。经过水分入渗和再分布，土壤湿润体的形状大致有半椭圆形、半圆形、抛物线三种形状。灌水结束时浸润土体形状取决于土壤特性、滴头流量、土壤初始含水率、灌水量、滴头间距等。①土壤特性：随着土壤种类的不同（或土壤黏性的增加），湿润体的几何尺寸逐渐变小。重壤土湿润体宽而浅，沙壤土湿润体窄而深。②灌水器流量：垂直方向湿润距离随着灌水器流量的增加而减小，而水平方向湿润距离则随之增加。③土壤初始含水率：初始含水率越大，土壤水分运动也越慢；相同入渗时段内，湿润锋水平运移距离随土壤初始含水率的增大而减小，垂直运移距离随土壤初始含水率的增大而增大。④灌水器间距：灌水器流量和间距与点源湿润区之间土壤吸力有关；在沙土上灌水器间距应小些或者加大灌水器流量。大田滴灌的灌水器间距一般较小，使灌水器下方的湿润区相连，形成一条沿着滴灌管方向的湿润带，即线源滴灌。⑤灌水量：随着灌水量的增加，湿润锋水平、垂直运动距离均在不断增大。

31. 水肥一体化后氮素在土壤如何运移与分布？

氮是植物生长必需的大量元素，需要量位居矿质元素首位。氮素在土壤中的运移规律是十分复杂的，受土壤类型、灌水量、灌水方式、施肥液浓度和肥料类型等多种因素的影响。滴灌施肥后土壤氮素主要分布在灌水器周围的湿润土体内，重力与毛管力之间的竞争控制着溶质的运移。

（1）土壤类型 滴灌施肥后，无论黏土、壤土还是沙土，硝态氮均在湿润锋附近发生累积，在距滴头 20cm 范围内均匀分布，这一范围内的硝态氮浓度随施肥液浓度的增加而增加；硝态氮浓度分布与滴头流量无明显关系，距滴头 20cm 范围内硝态氮浓度随灌水量的增加略有减小，湿润锋处硝态氮浓度随灌水量的增加稍有增加。对铵态氮浓度分布影响范围较小，在距滴头 10cm 范围内，在滴头附近出现铵态氮的浓度高峰，峰值随施肥液浓度的增大而升高；距滴头 15cm 范围内铵态氮浓度随滴头流量和灌水量的增加略有增加。

（2）灌水量 氮素运移的水平和垂直距离主要取决于灌水量，滴灌施肥条件下硝态氮向下运移速度随灌水定额的增加而增大，灌水量高时硝态氮的淋失风险较灌水量低时大；而当灌水定额和灌水周期一致时，0～40cm土层硝态氮和铵态氮的含量随施肥量的增加而增大。

（3）灌溉方式 滴灌施肥运行方式会影响氮素在土壤中的分布特征，采用先灌1/4时间的水，接着灌1/2时间的水肥，最后灌1/4时间水的滴灌施肥方案，氮素在土壤中分布最均匀，且不容易产生硝态氮淋失。

（4）肥料种类 $NO_3^- - N$肥非常"懒惰"，可随水一直向下运移，单次灌水量较大时，氮素溶质（NO_3^-）在土壤内的分布差异显著，单次灌水量较小且灌水非常频繁时，氮素溶质（NO_3^-）在土壤内分布差异不大；而NH_4^+作为一种反应性溶质，其入渗、再分布与土壤水分相比明显滞后，因土壤的吸附作用聚集在滴头周围。尿素的横向扩散作用较强；灌水量足够时，当肥料为铵态氮$[(NH_4)_2SO_4]$时，氮素最多可向下运动至150cm；而当肥料为硝态氮（KNO_3）时，氮素最多可运动210～240cm。

32. 水肥一体化后氮素在土壤中如何转化？

氮肥施入土壤后，被作物吸收利用的只占其施入量的30%～40%，大部分氮肥经过各种途径损失于环境中。在氮素以不同形态进入环境的过程中，氮素之间、氮素与周围介质之间，始终伴随和发生着一系列的物理、化学和生物转化作用。

（1）硝化作用 硝化作用是NH_4^+或NH_3经NO_2^-氧化为NO_3^-的过程。这些反应分别由两种微生物推动：NH_3氧化细菌（或初级硝化细菌）和NO_2^-氧化细菌（或次级硝化细菌），前者把NH_3氧化至NO_2^-，后者把NO_2^-氧化为NO_3^-，这两种微生物共称为硝化细菌。除了自养硝化细菌利用硝化作用作为能源固定CO_2，异养硝化微生物也逐渐被大家认识，这些微生物利用有机碳作为碳源和能源，不需要从NH_4^+的氧化过程中获得能量，且其氧化产物具有多样性。硝化作用受很多因素的影响，其中主要有土壤水分、通气条件、土壤温度、pH、施入肥料的种类和数量，以及耕作制度和植物根系等。

（2）反硝化作用　反硝化作用是 NO_3^- 逐步还原为 N_2 的过程，并释放几个中间产物。现已明确反硝化作用的生化过程通式为：$2NO_3^- \rightarrow NO_2^- \rightarrow 2NO \rightarrow N_2O \rightarrow N_2$。由于反硝化过程具有导致土壤和肥料氮素损失，以及氮氧化物污染环境的双重意义，因而引人注意。土壤反硝化作用的产生需要以下几个条件：①存在具有代谢能力的反硝化微生物；②合适的电子供体；③嫌气条件或 O_2 的有效性受到限制；④N 的氧化物如 NO_3^-、NO_2^-、NO 或 N_2O 作为末端电子受体。只有上述条件同时满足时，反硝化过程才能进行。这些因素的相对重要性因生境而异，在土壤条件下氧的有效性通常是最关键的因素。

（3）化学反硝化　化学反硝化是 NH_4^+ 氧化为 NO_2^- 过程的中间产物、有机化合物自身的 NO_2^-（如胺）或无机化合物（如 Fe^{2+}、Cu^{2+}）的化学分解。这是非生物过程，通常发生在低 pH 时。目前，对化学反硝化作用的研究还比较少。

（4）耦连硝化—反硝化作用　这里提出耦连硝化—反硝化作用，是因为其经常与硝化细菌的反硝化作用相混淆。耦连硝化—反硝化作用不是一个独立的过程，这个词在于强调硝化作用产生的 NO_2^- 或 NO_3^- 可以被反硝化细菌利用。这个耦连可发生在条件同时适合硝化和反硝化、有微生物毗邻生存的土壤中。

（5）硝化细菌的反硝化作用　硝化细菌的反硝化作用是硝化作用的一个途径。在该过程中，NH_3 氧化成 NO_2^-，接着被还原为 N_2O。反应只受一类微生物推动，即自养 NH_3 氧化细菌。这与耦连硝化—反硝化作用的多种微生物共存把 NH_3 转化为 N_2 形成鲜明对比。

（6）氮的吸附　土壤中各种形态的氮化合物，如铵态氮、硝态氮、有机态氮等均能和土壤无机固相部分相互作用，被吸附或固定，在这三种形态中，研究得比较多的是铵态氮和有机氮与土壤固相的作用。至于硝态氮和亚硝态氮则一般被认为是带负电荷，吸附量甚微，或甚至有负吸附现象。土壤固体部分对铵态氮的吸附可分为物理吸附、化学吸附和物理化学吸附等几种类型。

（7）氮的矿化　氮矿化指有机态氮转化为矿质氮的过程，是和氮的固定截然相反的过程，是氮素形态转化的最基本环节。土壤有机态氮的矿化对土壤圈氮循环具有重要意义。有机氮的矿化条件包括内因和外因两方面，内因是有机氮化合物的分子结构及其与矿物质结合的状态，外因是影响微生物活动的环境条件。在有机氮化合物结构方面，对矿化的影响因素有：①有机物的 C/N；②有机物的分子结构；③有机物集结状态；④有机质和矿物质的结合。

33. 水肥一体化后磷素在土壤中如何运移与分布？

在 N、P、K 三大肥料中，磷的移动性最小，磷在土壤中扩散距离仅为 3～4cm，土壤中施入磷肥后，在较短时间内磷的有效性及移动性迅速降低，其主要原因为土壤对磷的吸附和固定。土壤对磷的吸附和固定机制，主要有以下几个方面：①物理吸附：磷酸盐是一种较难解离的化合物，受固体表面能的吸附而集中在固液相的界面上。②化学沉淀：土壤中大量存在的钙、镁、铁和铝等离子与磷酸盐作用生成难溶化合物，导致磷的移动性大大降低，且可逆性差，磷酸根很难再释放。③物理化学吸附：磷酸根与土壤颗粒所带的阴离子发生离子交换而被吸附在土壤固相表面。特别是在中性和碱性土壤中钙镁化合物大量存在，化学沉淀和碳酸钙表面吸附对磷酸根起到了固定作用。通常认为石灰性土壤中磷酸和钙离子沉淀的初步产物以磷酸二钙为主；然而磷酸二钙在中性—碱性土壤中仍是不稳定的，可水解为氢氧磷灰石 $Ca_{10}(PO_4)_6(OH)_2$，或者通过沉淀作用很快生成磷酸二钙并逐步向磷酸八钙、磷酸十钙转化，最终转化为氢氧磷灰石。石灰性土壤中存在的固体碳酸钙，其表面吸附磷酸离子，使磷酸根离子以单分子层沉淀在 $CaCO_3$ 的表面，形成难溶性化合物而使其固定，且碳酸钙的颗粒越细，表面积越大，则吸附量也越大。

灌溉施肥下磷素的移动性由众多因子共同影响和决定：①水是最重要的因子，如果没有水的供应，即使在含磷较高的土壤中，磷也不大可能进行迁移。灌水量大使磷在土壤中的亏缺范围和亏缺强度加大。相反，在灌水量小或土壤干旱时，土壤磷养分的扩散受到抑制，在土体中的移动性下降。②灌溉时间，当施肥量相同时，灌溉时间越长，磷的移动越大；灌溉频率则对磷的移动无显著影响。③土壤质地，磷肥渗透深度为沙壤土＞壤土＞黏土。沙土磷酸根离子水平移动为黏土的两倍，垂直移动为黏土的三倍。④磷源，磷移动性表现为磷酸二氢钾＞磷酸一铵＞聚磷酸铵，磷酸二氢钾在土壤中分布近乎均匀，磷酸一铵次之，聚磷酸铵主要累积在灌水器周围。

水肥一体化滴灌施入磷酸一铵后，磷素在石灰性土壤中的移动和分布特点：①$H_2PO_3^-$ 在土壤中的迁移聚集以对流作用为主导，为"对流—吸附控制"型作用机制。②即使在滴灌条件下，$H_2PO_3^-$ 也主要在表层积累，上层土壤磷较下层土壤磷增加幅度大。在滴灌施肥点土壤磷富集最大，随着与灌水器距离的增大而逐渐减少，在 $0\sim20cm$ 深的施肥区，磷有效性最高，随剖面深度的增加而逐渐降低。③灌水器流量＞2L/h 时速效磷可在湿润锋处形成速效磷累积，＜2L/h 时速效磷未出现明显聚集现象，灌量及灌水器流量对 $H_2PO_3^-$ 径向运移效果明显。④单次施肥量增加，可增加 $H_2PO_3^-$ 的垂直和径向运移。

34. 水肥一体化后钾素在土壤中如何运移与分布？

钾是植物生长发育必需的营养元素，也属于肥料三要素之一。植物对钾的需求量仅次于氮和磷。施钾后，钾素的运移及分布规律取决于土壤水分状况、养分状况、土壤黏土矿物类型及电荷密度、土壤酸碱度等因素的影响。

（1）土壤水分状况　常规漫灌条件下，因具有灌水强度大、入渗时间短等特点，土壤孔隙水流速度大，从而使得土壤钾向下运移时间缩短，土壤钾素更易被淋溶到土壤深层。滴灌条件下，灌水强度小、入渗时间长，不仅灌水量、灌水强度和灌水频率会显著影响土壤中钾素分布和运移，而且取决于土壤颗粒对 K^+ 的吸附作用。

（2）土壤养分状况　外源钾施入会破坏土壤中钾素的平衡，改变土壤中钾素的浓度，从而影响土壤中钾素形态的相互转化及其土壤养分有效性，进而影响土壤中钾素的迁移和分布。水溶性钾与交换性钾之间的平衡是瞬间发生的，通常在几分钟内即可完成。而交换性钾与非交换性钾之间的平衡较慢，需要数天或数月才能完成。无机钾肥完全为水溶性钾，施到土壤中会迅速增加土壤中速效钾和缓效钾的含量，但其极易被土壤固定。

（3）土壤黏土矿物类型及电荷密度　不同土壤类型各种形态钾素的含量不同，而各种形态钾素含量又取决于土壤黏土矿物类型和黏粒的组成。土壤钾素含量随着土壤黏粒含量的增加而增加。土壤溶液中的 K^+ 和吸附在土壤表面的 K^+ 处于动态平衡中。K^+ 吸附量除受本身浓度影响之外，还与表面电荷和电位有关。

（4）土壤酸碱度　土壤 pH 主要是通过影响土壤钾素的固定和释放来改变土壤溶液中钾的浓度，进而影响土壤溶液中钾素的迁移。在酸性土壤中，土壤胶体所带的负电荷少，陪伴离子以 H^+、Al^{3+} 为主，pH$<$5.5 时，Al^{3+} 和 $Al(OH)_x$ 占优势，与 K^+ 竞争吸附位点，使土壤溶液中钾的浓度升高，不易被固定；在 pH 为 5.8～8.0 时，K^+ 代换 Ca^{2+}、Mg^{2+} 比代换 H^+、Al^{3+} 容易，钾的固定量增加；在碱性条件下，陪伴离子以 Na^+ 为主，K^+ 代换 Na^+ 更加容易，钾更容易被固定。

在已有的水肥一体化滴灌施钾研究结果中，由于碱性土壤颗粒对 K^+ 的吸附作用，流动性差，入渗结束后，土壤钾素更易在 0～10cm 表层富集，很难运移到垂直方向 30cm 以下，并且 K^+ 很难到达作物根系集中层，钾的浓度峰值发生在施肥层附近。滴灌施钾，灌水施肥量一定时，随灌水器流量增大，钾素在土壤中的径向运移距离变化不明显，垂直运移距离呈减小趋势；灌水器径向 30cm 范围内，0～10cm 土层速效钾浓度增大，15～30cm 土层速效钾浓度减小。灌水器流量一定时，随灌水施肥量增大，速效钾在土壤中的径向运移距离增大，垂直运移距离变化不明显，灌水器径向 30cm 范围 0~30cm 土层速效钾浓度增大。

35. 影响滴灌养分利用率的因素有哪些？

为实现粮食作物的持续增产，施肥是提高作物产量的重要手段，但肥料的不合理施用也造成了利用率低、损失严重、污染环境等不利后果。影响氮肥利用率的因素很多，诸如土壤性质、施肥管理、作物种类和气候等因素。

（1）土壤性质 不同土壤类型及其土壤物理性质和化学性质的差异，对肥料的转化、土壤残留以及损失等均有很大影响。背景养分含量高的土壤在休耕期将会有更多的养分损失进入环境。另外，还有土壤有机质含量、酸碱度、土壤水分、土壤通气状况、土壤温度、土壤结构、阳离子代换量、氧化还原状态和土壤微生物的活动也对养分利用率有重要影响。

（2）施肥管理 施肥量是施肥技术的核心也是影响氮肥利用率的首要因素。一般来说，在一定的施肥量范围内，随着施肥量的增加，作物产量增加，肥料利用率显著降低。施肥时期也和施肥量一样作为养分管理提高利用率的核心问题。由于作物对氮素吸收的时段性差异导致作物在不同的生长发育阶段的养分利用率不同。所以我们就要选择适宜的时期施肥，以获得最佳养分利用率。造成时段性差异的因素有外源和内源两种。外源因素取决于生长发育条件，包括水分和养分供应引起的生长状况的改变。内源因素则是其生长发育的需求。作物苗期一般有一定时间的缓慢生长阶段，有限的生长速率既限制了水分的效果，也限制了养分的作用。缓慢生长导致作物对水分和养分的需求量减少，造成了苗期氮肥利用率低。随着作物个体不断增大，对水分和养分的需要越来越多，作物生长非常旺盛、养分利用率达到最高。不同施肥方法也影响氮肥利用率的变化，一般认为随水施肥 ＞ 深施 ＞ 混施 ＞ 表面撒施。

（3）作物种类与农艺操作　不同作物的氮肥利用率不同。我国主要作物对氮肥的利用率存在较大差异。研究发现，C4作物比C3作物具有较高的氮肥利用率。另外，同种作物内不同基因型间氮肥利用率也有差异，品种的改善可使氮肥利用率提高20%～30%。根据不同生态区的特点调整作物的种类与布局，进行合理的间、套、轮作等措施有助于提高养分利用率。

（4）气候条件　养分利用率除了因土、肥、作物而各异外，还受到不同年份季节和气候条件如光照、降雨等要素的影响。同一地点不同季节或不同年际间测得的结果变异很大。降雨集中会使施入的氮素肥料因作物不能及时吸收而可能以NO_3^-的形式流失掉。

36. 施肥时间与养分分布之间存在什么关系？

滴灌施肥时通常是将肥料与灌溉水结合在一起，水肥一体按预定量和时间供给作物吸收利用。滴灌水分由灌水器直接滴入作物根部附近的土壤，在作物根区形成一个椭球形或球形湿润体。由于滴灌随水施肥的特点，养分也集中分布在由滴水形成的湿润体内。对于单个灌溉周期，随水施肥一般分为三个阶段：第一阶段先滴清水，第二阶段将肥料和水一同施入土壤中，第三阶段用清水冲洗施肥系统并将肥料运移到作物根区。大田土壤中的养分运移规律遵循"盐随水来，盐随水走"的规律。随着灌溉施肥时间的增加，湿润锋水平、垂直运动距离均在不断增大，氮、磷、钾双向迁移的距离增加。目前第二个阶段一般采取的是氮、磷、钾复合肥或者单质肥料混合施用，然而氮、磷、钾养分在土壤中的运移距离和速度不同，尿素随水滴施后容易随水分运移；磷肥容易被土壤吸附固定，移动性相对氮素而言较弱；钾素的移动性相对氮素而言较弱，而较磷素强。由于灌水量以及肥料元素中不同分子量的移动特点，及灌溉施肥的三个周期分配不合理，氮、磷、钾在根区分布出现五种情况，包括氮、磷、钾都未到达根区，氮到达根区磷、钾未为到达根区，氮、钾到达根区磷肥未达到，氮、钾超过根区磷肥刚好到达，但是我们最理想的方式是氮、磷、钾均在根区。在相同的施肥量和灌溉量下，不同的运移速度往往造成氮、磷、钾分布区和作物根系分布不一致，不利于氮、磷、钾的吸收，抑制了水肥效率的提高和作物增产。

37. 水肥一体化中根、水、肥调控的主要步骤有哪些？

为了更好地将作物根系分布与水肥一体化技术融合，笔者归纳为八句话：挖挖根拍照片，看看水咋回事。再看根怎么长，定饭量做食谱。渴一渴饿一饿，少喝点别喝多。怎么吃更营养，回头看改一改。这八句话中，第一句是水肥一体化技术应用中我们需要根据实际情况（作物类型、土壤质地等）看清楚作物根系在土壤中的分布范围；第二句是根据土壤质量情况、滴灌带流量等情况掌握不同时间土壤中水分运移规律；第三句是水分对根系生长的影响，掌握滴灌水肥一体化后根系的具体分布特征；第四句是根据作物类型、区域气候特征、土壤质地等因素，综合考虑确定灌溉制度和施肥制度；第五句是作物生育前期的水肥控制，通过适当的控水控肥措施促进根系下扎，形成合理的根系分布区；第六句是水肥一体化的灌溉施肥原则，即少量多次的原则；第七、八句是根系、水、肥三者耦合，以及再调整的意义。

38. 如何建立施肥模型？

科学、高效、合理施肥一直是科研人员追求的目标，是一个国家或地区农业现代化的重要标志。但农民长期沿袭施肥习惯和经验，强调大量供给农作物生长需要的肥料，没有认识到施肥的经济效益以及施肥与环境之间的关系。但经验毕竟不是科学，要把经验变成科学的认识，必须经过由现象到本质的抽象过程，从实践上的认识上升到理论认识的高度。施肥模型的研究就是把经验提升到科学高度，把定量化施肥变成现实。

施肥模型是数量化科学施肥研究中选用的一种数学方程，它能准确地表达施肥与产量之间的确定性关系，在经济施肥中也叫肥料效应函数，在数量化施肥中统称为施肥模型。定量化施肥技术发展历经了 3 个阶段的发展，即：经验模型阶段、模拟模型阶段、特定点养分管理阶段。可分为两类，经验模型（Empirical model）和机理模型（Mechanistic model）。前者为静态模型（Static model），后者为模拟模型（Simulation model）。区别在于，静态模型主要考虑作物产量和施肥量之间的定量关系，是经验函数的描述，不考虑机理上的逻辑关系。动态模拟模型则是基于作物的生长理论来估算作物对养分的需求量，如氮动态模拟模型。

（1）肥料效应函数方程　把肥料和作物产量之间的关系用数学关系式表达，通过求函数极值、边际分析等确定最大或经济最佳产量的施肥量，反映施肥量与产量之间的数量关系，属于生物统计模型。最早的肥料效应函数是 Mitscherlich 方程 $Y = A(1 - 10^{-ex})$（Y 为产量；A 为最高产量；x 为施肥量），但并未考虑到施肥量超过作物生长需求而引起的负效应，肥料效应方程是增长曲线。后来人们提出用二次抛物线函数来拟合这种变化趋势，并用平方根式来修正模型。之后随着研究的深入又发展了许多模型，如 Cobb-Donglas、Anderson-Nelson 线性加平台模型、Chandhary-Signh 的反二次模型等。在我国，多以二次多项式和平方根型效应曲线模型最为常见。

（2）目标产量法　是由传统平衡施肥发展而来，既有经验性又包含机理性。其基本原理为：作物养分吸收需求量可通过其经济产量及作物秸秆中的养分元素水平来判断。作物养分需求可以通过产量和秸秆的干物质量与其最低养分含量相乘获得：NUR（el）＝ $Y_{目标} \times MCY$（el）＋（$TDM_{目标} - Y_{目标}$）$\times MCSTR$（el），式中：NUR（el）为养分吸收需求（kg/hm^2），MCY（el）为经济产品中营养元素的最低浓度含量（kg/kg）；$MCSTR$（el）为作物秸秆中营养元素的最低浓度含量（kg/kg）；$Y_{目标}$ 为目标产量（kg/hm^2）；$TDM_{目标}$ 为目标总生物量（kg/hm^2）。

同时，考虑土壤基础供养分量，即不施肥情况下作物的养分吸收量：

BU（el）＝CY/［$Y_{目标}$/NUR（el）］，式中：BU（el）为基础养分吸收量（kg/hm²）；CY 为对照产量（kg/hm²）；$Y_{目标}$ 为目标产量（kg/hm²）。

根据养分吸收需求量、基础养分吸收量和肥料利用率间的关系，可计算出肥料需求量：FR（f）＝［NUR（el）－BU（el）］/［EC（el）×RF（el）］，式中 FR（f）为肥料需求量（kg/hm²）；NUR（el）为养分吸收需求量（kg/hm²）；BU（el）为基础养分吸收量（kg/hm²）；EC（el）为肥料养分含量（kg/kg）；RF（el）为肥料养分利用率（kg/kg）。

（3）QUEFTS 养分模型　目标产量法只是单纯考虑作物对每种养分的需求量，而 QUEFTS 模型考虑了养分间的相互作用。模型通过考虑土壤属性以及作物养分吸收量与产量之间的关系来计算作物养分需求量和养分限制下的生产力，属于半机理定量化模型。第一步：建立土壤属性和氮、磷、钾基础供肥量（SN、SP、SK）之间的关系式。第二步：建立土壤潜在供肥量和作物氮、磷、钾实际吸收量（UN、UP、UK）之间的关系。第三步：建立作物氮、磷、钾实际吸收量和产量范围（YNA、YND、YPA、YPD、YKA、YKD）之间的关系式。第四步：建立养分两两对应的产量范围和最终的预估产量（YE）之间的关系式。

（4）养分动态模拟模型　QUEFTS 模型虽考虑了作物所需大量养分氮、磷和钾之间的相互关系，但不是动态模型，要实现完全动态模拟作物对养分的吸收是非常困难的。因此，许多国外学者将作物生长模型与氮素模型建立耦合关系，建立了氮素限制下的生产力动态模拟模型。其中以美国的 CERES 模型和荷兰瓦赫宁根大学的 ORYZA 模型最为典型。CERES 模型对土壤中氮素供应、作物中氮素的吸收和分配等进行了模拟，不足之处是模型对许多生理过程的描述是半经验性的。荷兰瓦赫宁根大学的 ORYZA 模型中，以其中 ORYZA－N 养分模拟模块最为典型，缺点是对土壤中氮素转化过程作了极为简化的处理，如土壤日供氮量采用生长季供氮总量除以总生长天数获得，这在生长季温度变化不大的热带地区误差不大，而对其他地区可能误差较大。以上统称为施肥量模型，但在水肥一体化中还必须考虑到灌溉与施肥的关系，也就是灌溉施肥模型（溶质液体分布模型）。

　　水肥一体化中灌溉施肥模型研究主要集中在滴灌后水盐运移规律和灌溉工程设计的数值模拟研究上。最经典的是通过 Richards 模型建立的滴灌条件下土壤水分运动模型来研究土壤水分运移距离随时间的变化规律，以及应用 HYDRUS - 2D 软件模拟的多点源土壤水分、溶质入渗，湿润区交汇和最终形成湿润带过程等。此外，还有重力势地下滴灌土壤水分运动数学模型 Galerkin、Swagman - Destiny 数值模拟的水盐运移模型以及优化压力灌溉施肥制度的 DSS - FS 模型等。

第三章 水肥监测及控制技术 与水肥一体化

39. 气象数据在水肥一体化中有哪些作用?

随着科技的进步和发展,气象监测的数据也越来越精确。农业生产对气象变化的敏感性较高,抵御自然灾害的能力较低,所以气象服务对农业发展有着至关重要的作用。气象数据对精准水肥一体化的影响主要体现在气象阈值对灌溉的影响以及相关灾害的预警。

(1)基于气象阈值灌溉 灌溉制度与气象因素高度相关,众所周知,遇降雨需设置延时灌溉,但是,降雨量到达多少时需要开启延时功能,需要延时多久,何时需要利用灌溉进行降温、防霜,何时需要避免灌溉造成的低温,多大的雨量会导致氮肥淋洗等,都跟本地的气象、土壤、作物数据高度相关。在海量、精准的本地数据基础之上,结合人工智能分析,则可逐渐把握本地规律,获得该种作物灌溉相关的气象数据阈值。

(2)病虫害预警 病虫害与温度、湿度高度相关,天圻实时监测的气象数据,结合云衍分析及"E生态"的数学模型,可对相应病虫害进行预警,提醒用户进行防护应对措施,以起到防灾、减灾的作用,避免因灾损失。

综上,科学地确定不同区域的灌溉定额,着力提升用水效率,对每次灌溉进行反馈学习,积累作物全生育期的需水、需肥模型,可节约大量人工,提高管理效率,对气象数据做出快速响应,节水省肥,达到农业高产、资源高效、环境友好的目的,也是精准水肥一体化技术推行的初衷。

40. 什么是土壤含水量?

土壤水分是土壤的重要物理参数,对土壤水分及其变化的监测是农业、生态、环境、水文和水土保持等研究工作中的一个基础工作。土壤水分含量也是农业灌溉决策、管理中的最基础数据。测定土壤含水量可掌握作物对水的需要情况,对农业生产有很重要的指导意义,对实现农业精准灌溉的作用是相当明显的。土壤含水量一般是指土壤绝对含水量,即 100g 烘干土中含有若干水分,也称土壤含水率。土壤含水量常用重量含水率与体积含水率表示,重量含水率是指土壤中水分的重量与相应固相物质重量的比值,体积含水率是指土壤中水分占有的体积和土壤总体积的比值。体积含水率与重量含水率两者之间可以通过土壤容重换算(表 3-1)。土壤含水量表示方法有以下几种,为了描述的方便,以汉字的形式表示它的计算公式。

(1)以重量百分数表示土壤含水量 以土壤中所含水分重量占烘干土重的百分数表示,计算公式如下:土壤含水量(重量%)=(湿土重一烘干土重)/烘干土重×100%=水重/烘干土重×100%。

(2)以容积百分数表示土壤含水量 以土壤水分容积占单位土壤容积的百分数表示,计算公式如下:土壤含水量(体积%)=水分容积/土壤容积×100%=土壤含水量(重量%)×土壤干容重。土壤容重是指自然结构条件下,单位体积的干土重量,单位为 g/cm³。干土是指 105~110℃ 的烘干土。

表 3-1 不同类型土壤容重参考值

土壤类型	质地	容重(g/cm³)	地区
黑土 草甸土	沙土	1.22~1.42	华北地区
	壤土	1.03~1.39	
	壤黏土	1.19~1.34	

（续）

土壤类型	质地	容重（g/cm³）	地区
黄绵土 垆土	沙土	0.95～1.28	黄河中游地区
	壤土	1.00～1.30	
	壤黏土	1.10～1.40	
淮北平原土壤	沙土	1.35～1.57	淮北地区
	沙壤土	1.32～1.53	
	壤土	1.20～1.52	
	壤黏土	1.18～1.55	
	黏土	1.16～1.43	
红壤	壤土	1.20～1.40	华南地区
	壤黏土	1.20～1.50	
	黏土	1.20～1.50	

（3）以水层厚度表示土壤含水量　以一定深度土层中的含水量换算成水层深度（mm）表示，计算公式如下：水层厚度（mm）＝土层厚度（mm）× 土壤含水量（容积）。

（4）相对含水量　以土壤含水量换算成占田间持水量的百分数表示，即为土壤水的相对含量，计算公式如下：旱地土壤相对含水量（％）＝土壤含水量/田间持水量×100％。

41. 常用的土壤水分常数有哪几种?

土壤水分常数是指依据土壤水所受的力及其与作物生长的关系，在规定条件下测得的土壤含水量。它们是土壤水分的特征值和土壤水性质的转折点，严格说来，这些特征值应是一个含水量的范围。土壤水的类型不同，其被作物利用的难易程度也不同。在凋萎系数以下的水分属无效水，不能被作物利用。凋萎系数和田间持水量之间的水分，具有可移动性，能及时满足作物的需水量，属有效水。田间持水量以上的水分属多余水。

（1）田间持水量 当毛管悬着水达到最大数量时的土壤含水量称为田间持水量。田间持水量（field moisture capacity）：指在地下水较深和排水良好的土地上充分灌水或降水后，允许水分充分下渗，并防止其水分蒸发，经过一定时间，土壤剖面所能维持的较稳定的土壤水含量（土水势或土壤水吸力达到一定数值），是大多数植物可利用的土壤水上限。田间持水量长期以来被认为是土壤所能稳定保持的最高土壤含水量，也是土壤中所能保持悬着水的最大量，是对作物有效的最高的土壤水含量，且被认为是一个常数。

（2）饱和含水量 当土壤全部孔隙被水分所充满时，土壤便处于水分饱和状态，这时土壤的含水量称为饱和含水量或全持水量。

（3）凋萎系数 当土壤含水量降低到某一程度时，植物根系吸水非常困难，致使植物体内水分消耗得不到补充而出现永久性凋萎现象，此时的土壤含水量称为凋萎系数。一般把土壤田间持水量与凋萎系数之差作为土壤有效含水量。凋萎系数常用的表示方法有重量百分比和体积百分比两种。

42. 土壤水分测定方法有哪些？

土壤水分测定方法包括烘干称重法、张力计法、电阻法、中子法、γ-射线法、驻波比法、光学测量法、TDR 法、FDR 高频振荡法。

（1）烘干称重法 烘干称重法测定的是土壤重量含水量，有恒温箱烘干法、酒精燃烧法、红外线烘干法等。恒温箱烘干法一直被认为是最经典和最精确的标准方法，目前烘干法依然是唯一校验仪器准确度的方法。土壤含水量＝（烘干前铝盒及土样质量－烘干后铝盒及土样质量）/（烘干后铝盒及土样质量－烘干空铝盒质量）×100％。

（2）张力计法 张力计法也称负压计法，它测量的是土壤水吸力。其测量原理如下：当陶土头插入被测土壤后，管内自由水通过多孔陶土壁与土壤水接触，经过交换后达到水势平衡，此时，从张力计读到的数值就是土壤水（陶土头处）的吸力值，也即为忽略重力势后的基质势的值，然后根据土壤含水率与基质势之间的关系（土壤水特征曲线），就可以确定土壤的体积含水率。

（3）电阻法　多孔介质的导电能力是同它的含水量以及介电常数有关的，如果忽略盐分的影响，水分含量和其电阻间是有确定关系的。电阻法是将两个电极埋入土壤中，然后测出两个电极之间的电阻。但是在这种情况下，电极与土壤的接触电阻有可能比土壤的电阻大得多。因此，采用将电极嵌入多孔渗水介质（石膏、尼龙、玻璃纤维等）中形成电阻块以解决这个问题。

（4）中子法　将中子源埋入待测土壤中，中子源不断发射快中子，快中子进入土壤介质与各种原子、离子相碰撞，快中子损失能量，从而使其慢化。当快中子与氢原子碰撞时，损失能量最大，更易于慢化，土壤中水分含量越高，氢原子就越多，从而慢中子云密度就越大。中子仪测定水分就是通过测定慢中子云的密度与水分子间的函数关系来确定土壤中的水分含量。中子法十分适用于监测田间土壤水分动态，套管永久安放后不破坏土壤，能长期定位连续测定，不受滞后作用影响，测深不限。需要田间校准是中子法的主要缺点之一。另外，仪器设备昂贵，一次性投入大，中子仪还存在潜在的辐射危害。

（5）γ-射线法（Gamma-ray attenuation）　γ-射线法的基本原理是放射性同位素（现常用的是 137Cs，241Am）发射的γ-射线穿透土壤时，其衰减度随土壤容重的增大而提高。由于利用单能γ-射线测定土壤水分受容重影响很大，为此出现了用双能γ-射线法同时探测容重和含水量，以消除土壤容重变化的影响。

（6）驻波比法（Standing wave ratio）　即通过测量土壤的介电常数来求得土壤含水率。从电磁学的角度来看，所有的绝缘体都可以看成是电介质，而对于土壤来说，则是土壤固相物质、水和空气三种电介质组成的混合物。在常温状态下，水的介电常数为80，土壤固相物质的介电常数为3～5，空气的介电常数为1，可以看出，影响土壤介电常数主要是含水率。利用土、水和空气三相物质的空间分配比例来计算土壤介电常数，并利用这些原理进行土壤含水率的测量。

（7）光学测量法　光学测量法是一种非接触式的测量土壤含水率方法。光的反射、透射、偏振也与土壤含水率相关。先求出土壤的介电常数，从而进一步推导出土壤含水率。

（8）TDR 法（时域反射法）　时域反射法也是一种通过测量土壤介电常数来获得土壤含水率的方法。通过测量电磁波在埋入土壤中的导线的入射反射时间差 T 就可以求出土壤的介电常数，进而求出土壤的含水率。

（9）FDR 高频振荡法　其测量土壤含水率的原理与 TDR 类似，利用电磁脉冲原理，根据电磁波在土壤中传播频率来测试土壤的表观介电常数的变化，这些变化转变为与土壤体积含水量成比例的频率信号。FDR 法不仅比 TDR 便宜，而且测量时间更短，在经过特定的土壤校准之后，测量精度高，而且探头的形状不受限制。

43. 土壤水分传感器测定的是体积含水量还是重量含水量？

称重法具有各种操作不便等缺点，却是直接测量土壤重量含水率的唯一方法，在测量精度上具有其他方法不可比拟的优势。仪器测得的含水率均为土壤体积含水率，因此烘干法作为一种实验室测量方法并用于其他仪器的标定方法，将长期存在。张力计法由于其测量的直接对象为土壤基质势，因此在更大程度和其他土壤水分测量方法相结合用于测定土壤水分特征曲线。电阻法由于标定复杂，并且随着时间的推移，其标定结果将很快失效，而且由于测量范围有限、精度不高等一系列原因，已经基本上被淘汰。基于辐射原理的中子法和 γ-射线法虽然有着高精度、快速度等优点，但是由于它们共同存在着对人体健康造成危害的致命缺陷，近年来已经在发达国家遭到弃用，在国内也仅有少量用于实验研究。基于测量土壤介电常数的各种方法是近 20 年来新发展起来的一种测量方法，在测量的实时性与精度上都比其他测量方法更具优势，而且在使用操作上更加方便灵活，可适用于不同用途的土壤水分测量，是目前国内外广泛使用的一种土壤水分测量方法。光学测量法虽然具有非接触的优点，但由于受土壤变异性影响，误差大，适应性不强，其研究与开发的前景并不乐观。时域反射（TDR）法的优点是测量速度快，操作简便，精确度高（能达到 0.5%），可连续测量，既可测量土壤表层水分，也可用于测量剖面水分，既可用于手持式的实时测量，也可用于远距离多点自动监测，测量数据易于处理，但是价格昂贵。频域反射（FDR）法具有 TDR 法的所有优点，FDR 法和频域（FD）法不仅比 TDR 法便宜，而且测量时间更短，在经过特定的土壤校准之后，测量精度高，而且探头的形状不受限制，可以多深度同时测量，数据采集实现较容易。

　　土壤相对含水量是水肥系统的重要因素。相对含水量可直观地反映灌溉的起始含水量，常常被作为判断是否需要灌溉和计算灌水量的依据。作物适宜的土壤相对含水量一般为 60% ～ 100%。国内外有很多种土壤水分测定方法，进而有不同的土壤水分传感器。比如：时域反射法（TDR），石膏法，红外遥感法，频域反射法/频域法（FDR/FD），滴定法，电容法，电阻法，微波法，中子法，Karl Fischer 法，γ-射线法和核磁共振法等。而仪器测得的含水率均为土壤体积含水率，根据 $v=m/p$、$G=mg$ 可知，只要将体积含水量乘以水的密度（1 000kg/m³）便可算出质量，然后再用质量 m 乘以常数 g（9.8N/kg）就可以算出重量。如果是土壤的含水量，从体积换算成重量，则是体积含水量除以容重，换算得到的是土壤含水量，如果要求相对含水量，还需要将重量含水量除以土壤持水量。

44. 在水肥一体化中如何使用传感器采集到的土壤水分数据？

　　土壤水分传感器采集到的土壤湿度数据是绝对土壤体积含水量

数据，是在 105～110℃ 条件下，将土壤烘干至恒重时挥发出来的水分体积。例如，20％ 的体积含水量表示，将样品为 100ml 的土壤在 105～110℃ 条件下烘干处理至土壤重量恒定时，烘干出来的水分为 20ml。也可以直接理解为，在当前湿度下，任意体积的土壤中，该体积的 20％ 为水分构成的。

　　实际上，土壤中有多少水不是核心关键问题，农作物在当前土壤湿度下能不能舒服地从土壤中吸收水分才是关键。例如，对于沙性土壤，土壤的保水性、吸水能力较差，当土壤含水量为 15％ 时，农作物的根系是很容易从土壤中吸收水分的，但对于黏性土壤，土壤的保水性、吸水能力较强，当土壤含水量为 15％ 时，农作物的根系已经很难从土壤中吸收水分了。除了土壤本身的巨大差异，不同植物的耐旱、耐涝能力也有很大区别，如沙棘、仙人掌、雪松、旱柳与荷花、水稻、芦苇对水的适应需求的区别。另外，农作物从播种到收获，从小苗到大苗、开花、结果实，不同的生育阶段对土壤湿度的适应能力也是不同的。再有，同一个位置的土壤也是在变化的，每年的各种深松土壤、用犁翻地、旋耕机旋地、施用化肥农药、农作物的根系残留……都在影响改变土壤结构，改变着土壤的保水、吸水能力。

　　因此，通过土壤水分传感器得到当前体积含水量为 20％ 之外，还需要获得另外两个关键数据，即土壤含水量的上下限。比如，在当前土质、当前植物根系吸水能力状态下，土壤含水量低于 15％（下限）后植物根系就很难从土壤中吸收水了，当前土壤的最大持水能力（田间持水量）为 35％（上限）。那么，如何确定植物根系能够正常吸水的含水量的上下限数值呢？精确的上下限值是一个随着土层深度土质变化、植物生长发育变化而变化的值。基于土壤水分传感器连续监测到的土壤含水量变化情况，当发生土壤干旱导致植物很难从土壤中吸收水分或者发生水涝导致农作物对水分的吸收减少时，土壤水分仪获取土壤水分数据，传输到大数据平台，通过大数据平台具备这样的人工智能数据分析服务，人工智能技术能够智能识别到土壤含水量上下限。但是人工智能需要以一定量的数据作为基础，如果干旱或者水涝始终没有发生，智能识别到的土壤水分上下限与实际需求会有差异。因此，较为简单通行的做法是，通过相对含水量（当前含水量与田间持水量的比值）来判断植物是否处于适宜的土壤湿度状态。田间持水量指在地下水较深和排水良好的土地上充分灌水或降水后，允许水分充分下渗，并防止其水分蒸发，经过一定时间，土壤剖面所能维持的较稳定的土壤水含量，是大多数植物可利用的土壤水上限。一般认为，土壤相对含水量处于60%～100%范围是适宜农作物生长的土壤湿度。尽管如此，获得准确的田间持水量数据也并非容易。

45. 常用的土壤水分监测设备有哪些?

传统的烘干称重法来测量土壤含水率，虽然投资少，得出的数据可靠、稳定，但是人力和时间的消耗带来了许多不便，不仅加大了人力物力的消耗，天气因素也制约着土壤水分测量工作的进行。按照测量原理，土壤水分监测仪器可分成以下几种类型：① 时域反射型仪器（TDR）；② 时域传输型仪器（TDT）；③ 频域反射型仪器（FDR）；④ 中子水分仪器（Neutron Probe）；⑤ 负压仪器（Tension meter）；⑥ 电阻仪器（Resister Method）。其中时域反射型仪器（TDR）和频域反射型仪器（FDR）最为常用。

（1）时域反射型仪器（TDR）　TDR 是近年来出现的测量土壤含水量的重要仪器，是通过测量土壤中的水和其他介质介电常数之间的差异原理，并采用时域反射测试技术研制出来的仪器，具有快速、便捷和能连续观测土壤含水量的优点。由于空气、干土和水中的介电常数相对固定，如果对特定的土壤和介电常数的关系已知，就可间接对土壤水分进行有效介电常数测量。根据电磁波在介质中传播速度与包围在传输体上的物质介电常数有关的基本原理，干燥土壤与水之间的介电常数具有很大的差别，所以该技术从理论上确立对土壤水分的测量有很好的响应和灵敏度。其特点分析如下：①时域反射法土壤水分监测仪器沿着埋设在土壤中的波导头发射高频波，高频波在土壤的传输速度（或传输时间）与土壤的介电常数相关，介电常数与土壤的含水量相关，这样测量高频波的传输时间或速度可直接测量土壤的含水量。理论上这是测量土壤水分监测精度最高的技术。②因电磁波的传输速度很快，TDR 测定时间的精度需达 0.1 ns 级，因此 TDR 的时间电路成本高，测量结果受温度影响小。③TDR 水分传感器高频波的发射和测量在传感器体内完成，工作时产生 1 个 1 GHz 以上的高频电磁波，传输时间为皮秒级，输出信号一般为模拟电压信号，可精确表达插入点处土壤的水分。根据不同的信号采集要求，TDR 土壤水分传感器也可输出 4～20mA，或 232 串行接口数据。TDR 的上述输出容易接入常规的数据采集器，形成自动测量系统。④TDR 土壤水分传感器主体是 1 个含有探针的密封探头，当探针完全插入土壤中时，测量输出信号通过有线电缆输出，可以接遥测终端，也可以接手持式仪表。

目前市场上的 TDR 土壤水分传感器是典型的针式土壤水分测量仪器，体积小、重量轻，但集成度低、安装不便。测量不同土层含水量时，需将整个土壤剖面打开，逐层交错插入针式水分仪，此时已经破坏了土壤结构，因为回填土壤的容重、土壤颗粒间的结合方式已经被改变。另外，钢针跟土壤直接接触，长期使用会受到腐蚀，导致精度逐年降低。

（2）频域反射型仪器（FDR）　FDR 土壤水分监测传感器的测量原理是插入土壤中的电极与土壤（土壤被当作电介质）之间形成电容，并与高频振荡器形成 1 个回路。通过特殊设计的传输探针产生高频信号，传输线探针的阻抗随土壤阻抗变化而变化。阻抗包括表观介电常数和离子传导率。应用扫频技术，选用合适的电信号频率使离子传导率的影响最小，传输探针阻抗变化几乎仅依赖于土壤介电常数的变化。其特点分析如下：①频域测量技术用于土壤科学是近年才得到应用的，采用在某个频率上测定相对电容，即介电常数的方法测量土壤水分含量，相比时域法结构更简单、测量更方便且在测量电路上易于实现，造价较低。②常规的 FDR 传感器没有温度补偿，测量结果变异大。Insentek增加了同位的温度校正功能，对土壤温度的影响做了修正，提高了测量精度，降低了土壤类型、土壤质地、有机质含量等因素影响。③FDR产品可做到高集成度，可同时测量同一位置不同土层深度的温度和水分。④FDR产品为管式设计，安装简便，不破坏原状土壤。

46. 什么是精准水肥一体化技术?

推广使用水肥一体化技术是解决水肥利用率低下的重要途径。随着我国农业集约化程度的提高，水肥一体化技术越来越受到重视，合理灌水、施肥在农业生产中具有举足轻重的作用，对实现粮食丰产丰收和保证农产品持续有效地供给功不可没。但近几年我国持续过量施肥严重，水资源利用率提不上去，耕地退化，环境污染风险加剧，以大量资源投入推动农业数量增长的发展模式难以为继，急需改进施肥灌水方式，积极探索高产高效、产品安全、资源节约、环境友好的现代农业发展之路。因此，要在水肥一体化的基础上结合智能的土壤监测、气象监测和人工智能技术，结合对作物生长动态的监测及作物生长区域气象要素的实时状况和精准预测，建立适合本地的智能灌溉系统，按作物需水规律进行灌溉，以水带肥，实现精准水肥一体化。智能灌溉系统必不可少的是大数据和人工智能技术，而这一切的前提是可靠的、海量的、针对性强的本地数据，这些数据应该由性能可靠、使用简便的监测设备实时采集获得，最终由客观且专业的大脑——智能灌溉控制器去分析、执行，同时基于反馈进行自我修正。灌溉的真正对象是作物而不是土壤，要把最宝贵的水肥资源精准地灌溉到作物的吸水活跃区即根毛区。因此，实现真正的智能灌溉的第一步是：全方位、多维度地现场感知，为按需灌溉提供依据。按需灌溉则离不开现场感知和本地的生态大数据。现场感知到土壤水分及变化、地表地下温度、作物活跃根系位置及比例、气象数据等诸多对作物需水及生产环境产生影响的因素。其次是在人督导下的智能及大数据决策、执行机制。通过对水分数据、气象数据的综合分析处理，自动为每个拥有智能参照点的轮灌组制定灌溉决策。再次，深层反馈学习，自我修正。分析入渗速率、提供灌溉反馈，系统自动优化灌溉定额、灌溉周期等灌溉参数；与控灌溉设备实时连接，实现自动监测、计量、评估灌溉和施肥等功能。

47. 相对含水量如何在智能水肥一体化中应用？

　　水肥一体化技术根据土壤养分含量和作物种类的需肥规律和特点，将肥料与灌溉水一起，通过可控管道系统供水、供肥，使水肥相融后，通过管道和灌水器形成滴灌，均匀、定时、定量地浸润作物根系发育生长区域，使主要根系土壤始终保持疏松和适宜的含水量及相对稳定的土壤养分含量状况。智能水肥一体化技术，即智能灌溉施肥技术，是在灌溉施肥技术的基础上融合了专家知识系统、全球定位系统、地理信息系统等先进技术，解决了不同植物关键生育期的营养需求、土壤水分信息和养分状况的问题。利用计算机信息技术、自动控制技术、传感器技术等，通过农业灌排网络，在不需要人工干预的情况下，自动将水肥搅匀，自动判断、智能决策浇水施肥时间和用量。控制系统软件将土壤水分传感器传来的土壤含水量值与当初设置的湿度阈值进行比较，如果湿度阈值小于当前土壤含水量值，则说明当前土壤水分含量满足系统设定要求，不需要灌溉；如果湿度阈值大于当前土壤水分含量，则说明土壤干涸，需要浇水。这时控制系统就会发送命令给控制阀门，通过继电器驱动水源的电磁阀，滴灌主管道就会有水流过，而后继电器驱动需要灌溉小区的电磁阀，水就可以从主管道流进相应小区的滴灌带中进行对作物的灌溉。灌溉量是通过继电器驱动电磁阀开关的时长实现的。灌溉完毕后，系统会在下次浇灌时再去采集土壤水分信息，然后重复上述过程。由于灌溉整个过程是不需要人工干预的，所以灌溉是应用了闭环的形式。因此，土壤相对含水量是智能化水肥一体化中控制系统的启动阀与控制线。

48. 在水肥一体化过程中如何避免过量灌溉？

滴灌水肥一体化技术主要是在农作物对水、肥的实际需求上，来使用毛管上的灌水器和低压管道系统，把作物需要的溶液逐渐、均匀地滴入农作物的根区部。滴灌水肥一体化技术高频度地灌溉、缓慢地施加少量的水肥作用于作物的根部，使作物始终处于较优的水肥条件下，而避免了其他灌水方式产生的周期性水分过多和水分养分亏缺的情况。然而，与普通沟灌相比，其独特的水肥供应方式和灌溉量使作物的整个养分吸收过程和运移机制表现出明显的差异。因此，与普通沟灌相比，滴灌水肥一体化在土壤温度、水肥分布以及盐分运移等方面均明显不同，浅层水肥供应及膜间盐分聚集加剧了作物根系贴近地表分布生长，限制了作物根系的下扎。根系是作物吸收养分和水分的主要器官，根系的形态结构决定了根系获取水分、养分的空间和范围以及与相邻根系的资源竞争能力。因此根系定位是避免过量灌溉的第一步。根系定位主要方法有两种：挖（挖一个剖面看土壤中根系情况）和看（直接观察：下根管利用专业设备定时扫描根系分布情况；间接观察：利用水分仪根据根系吸水特征间接反映根系深度）。确定了根系分布深度后，灌溉深度控制是避免过量灌溉的第二步，相对含水量可直观地反应灌溉的起始含水量，常常被作为判断是否需要灌溉和计算灌水量的依据。根据相对含水量确定灌溉量的主要方法也有两类：经验（根据田间持水量、土壤相对含水量等土壤水分特性，结合灌溉深度确定单次最佳灌溉量）和设备（结合根系分布特征，在土壤中预埋水分监测设备，利用设定限，控制灌溉设备启动与停止）。综上，滴灌施肥只灌溉根系和给根系施肥，因此一定要了解作物根系分布的深度，根据根系分布特征，然后按照土壤湿润锋分布特征控制单次灌溉量。

49. 主要的植物水分检测技术有哪几种?

水在生长着的植物体中含量最大。水是动植物鲜重中含量最多的物质,对于生命活动有着至关重要的作用。植物的生长发育对于水分含量有特定要求,过多和不足都会影响植物正常生理生化过程。植物水分含量检测为植物在最适环境下生长发育提供保障。检测水分含量的主要目的在于为灌溉提供指导。生产上存在两个方面问题:一是在水源充足的条件下,常有灌溉次数和灌溉量过多的现象,造成水资源的浪费;二是在水源不足的条件下,不能做出最佳的灌溉决策,不能提高水分利用效率。在计算机技术产生之前,科学家主要通过检测细胞液浓度等植物体内与水分含量有关的指标来反映植物水分含量。计算机技术和传感器等相继出现大大增加了可测范围,于是冠层温度等可从外部直接测量的指标被用于植物水分含量的检测。现在的图像处理和遥感等技术的出现和成熟更是进一步提高了水分检测技术的科学性和准确性。大多数的植物水分检测方法,主要是通过检测植物水分表象特征的变化来说明植物含水量的变化。在植物生长过程中,存在着土壤—植物—大气最后返回土壤的水分循环系统。检测植物水分含量可以从这个系统中任意一个环节去实现。①细胞液浓度与水分含量:植物细胞浓度测量方法主要有 2 种。第一种是对比法,原理是根据细胞在不同浓度下的蔗糖溶液中细胞形态的变化来推测细胞自身浓度的大小;第二种方法是由苏联学者洛鲍夫等提出,其中的原理是利用细胞液浓度与蔗糖溶液浓度百分率相比,根据不同浓度的蔗糖溶液具有不同的折射率,把提取出的细胞液放入折射仪中得出该溶液的折射率从而得到细胞液浓度。②茎流速率与水分含量:现在测量茎流的方法主要有以下几类:热脉冲法、平衡法、热扩散法、热比率法、激光热脉冲法。③叶片水势:叶片水势是指植物叶子细胞液中水分子的能量水平;国内外测量叶水势方法,主要有以下几种:小液流法、压力室法、热电偶湿度计法。④茎直径:细胞形态受水分含量影响会发生变化，细胞层面上的不同会使茎粗发生变化，这就是通过检测作物茎直径来反映水分含量的原理。⑤蒸腾速率：蒸腾作用大小是最直接表现植物水分含量的指标，国内外各种测量作物蒸腾速率的方法有以下几种：稳态气孔法、快速称重法、整树容器法、同位素示踪法。⑥冠层温度与植物水分含量：传统测温仪对大范围测量十分不便，并且数据收集和处理困难。随着红外测温技术的发展，以测量冠层温度为方法的植物水分含量检测开始得到发展。现在普遍使用的方法是使用叶片冠层温度 Ta 与周围环境温度 Tb 的差来表示作物的水分含量情况。⑦根部通讯物质：自然条件下植物感受水分胁迫的器官是根，但是最早出现的反应却是气孔开度和叶片生长受阻，从根到叶片的信息传递必然通过特定介质来实现，这就是脱落酸。因此可以通过检测植物中的脱落酸含量反应植物水分含量。⑧图像技术：利用图像技术测量植物水分含量是一种随着计算机技术进步而发展的方法。这种方法的优势在于可以对作物进行无接触连续测量，主要通过两种途径来得到作物水分信息，第一种是计算机视觉法，第二种是光谱法。上述方法都是以检测植物体内单一性状变化为基础的水分含量检测，每种方法都有各自的优缺点。

50. 土壤盐分监测方法及设备有哪几种？

土壤溶液是植物根系生长的重要环境条件。土壤溶液既含有有益于植物的养分，但也可能含有过多的有害于植物的盐分。植物生长过程中对渗透压的反应与土壤溶液的总浓度有密切关系。但是，有些离子在渗透压很低的情况下也会产生毒害作用。土壤溶液的组成对土壤肥力和盐度的评定颇为重要。因为土壤盐度对植物的影响从本质来看是渗透压的影响，所以可由测定土壤溶液的总盐分浓度计算出土壤盐度。测定土壤盐度最终的目的是获得真实的未扰动的代表性土壤溶液样品。土壤盐分监测方法包括破坏性取样测定和原位监测两种。

（1）破坏性取样测定的主要步骤：

①采用土钻法或者剖面法分层获取土壤样品；②盐溶液的取

得：根据不同要求可以采用浸提法、离心法、加压膜置换法、不混溶置换法等；③盐分分析：主要采用传统方法（离子成分测定）、离子色谱仪、电导率法。

（2）土壤盐分原位测量　现有常用的土壤盐分原位测量方法大致可分为土壤溶液法和土壤表观电导率法两大类。①土壤溶液电导率法（包括采集土壤溶液后在实验室测定和土壤盐分传感器直接测量土壤溶液电导率），其主要步骤包括：a. 土壤溶液原位采样，通常通过真空提取器采集；b. 土壤溶液电导率的原位测量。②土壤表观电导率法，是土壤的一个基本性质，包含了反映土壤质量与物理化学性质的丰富信息，其测定方法包括：a. 电阻法（ER），由于四电极能消除电极极化效应，是电阻法测量土壤表观电导率的常用方法；b. 电磁感应仪法（EM），现在较为常用的有 Geonics EM38 和 EM31；c. 时域反射法（TDR），现行 TDR 仪器主要有美国的 TRASE Systems、德国的 TRIME，加拿大的 Moisture Point 和英国的 Theta Probe 等，随着电子技术的发展，也出现了许多不同形式的小型便携式 TDR 装置，如 Camp bell Scientific 公司制 HydroSense，Delta－T Devices 公司生产的 Wet Sensor 等，可同时测定土壤水分、盐分（EC）和温度。ER、EM 和 TDR 均通过测定土壤表观电导率来确定土壤盐分，具有不扰动原土、响应快速、操作简单和数据获取能力强的优点。但由于土壤表观电导率的影响因素众多，影响机理复杂，表观电导率和土壤盐分之间的校正是 3 种方法应用的主要限制。除此之外，三者工作原理的不同使得其有各自的特点。另外，土壤盐分遥感监测是随着遥感技术发展起来的一种获取土壤盐渍化程度的新手段，主要是从获取的多光谱、高光谱、雷达等遥感影像中提取有用的信息，采用建模的思路对土壤盐分进行反演。

51. 植物氮素实时监测手段有哪些？

作物体内的营养状况是土壤养分供应、作物对养分需求和作物吸收养分能力的综合反映。通过对作物体内营养状况的诊断，确定植株体内养分的丰缺状况，并以此作为作物追肥决策的依据，是实现变量施肥的前提。氮素是植物最重要的营养元素之一，为植物光合作用和生态系统提供着重要的支持，对植物的生长、产量和品质有着极为显著的影响。当植株缺氮时，会出现蛋白质合成减少、细胞分裂减慢、早熟减产等；而当氮素过剩时，会出现蛋白质合成增加、碳水化合物大量消耗、徒长减产等。准确、迅速、经济地确定植株体内的氮素状况，对合理科学地施用氮肥，实现农业生产的可持续发展和生态环境的良性循环具有重要意义。传统的植物氮素营养诊断方法通常包括土壤和植物组织的实验室分析，而这些分析方法普遍基于通过破坏土壤和作物获取样本，历经采样、烘干、研磨、称重、化验分析等多道程序，花费时间长，测试结果不具有实时性，不能满足日趋发展的农业信息化和智能灌溉及水肥一体化的要求。国内外在氮素营养诊断发展过程中，经历了传统经典的植株养分测试、叶色比对、硝酸盐快速诊断和无损测试技术的发展过程，现将植株氮素营养诊断方法归纳如下：

（1）植株外部形态诊断　植株氮素营养诊断是确定氮素营养状况的重要依据，是开展变量施肥的基础。当作物缺乏某种元素时，一般都在形态上表现出某些特有的症状，形态诊断就是根据作物的外观特定症状判断作物氮素丰缺状况，主要包括植株症状诊断、长势长相诊断和叶色诊断。①植株症状诊断：根据作物表现出的某种特定的症状，确定其可能缺乏某种营养元素的一种方法，症状诊断在很多营养元素的诊断上已得到应用。缺氮的症状为：植株下部叶片发生黄化或有红色斑点，生长缓慢，植株矮小。氮素过多的症状为：植株徒长，节间长，分蘖多，叶色嫩绿，贪青晚熟。②长势长相诊断：当作物吸收的氮素处于正常、不足或过多时都会引起作物外部形态如叶的形状、叶片大小和叶片颜色等方面的变化。通常植物缺氮表现为叶片失绿黄化或呈暗绿色、暗褐色，或叶脉间失绿，或出现坏死斑等早衰现象。氮素过多则表现为植株节间长、分蘖多。③植株叶色诊断：叶色诊断是氮素营养诊断中简单易行的方法，如标准叶色级确定合适，诊断会取得良好的效果。比色卡法具有操作简单、快速、直观等优点。植株外观的形态诊断由于具有简单、方便等优点，是目前我国大多数农民习惯采用的方法和田间生产施肥决策的依据。

（2）化学分析诊断 通过测定植株体内的氮素含量水平，通过与正常或异常植株标本进行直接比较而做出丰缺判断。根据氮素在植株体内存在形态的不同，分为植株全氮、硝酸盐和氨基态氮诊断，土壤诊断也是化学诊断的重要组成部分。①植株全氮含量诊断：根据植株全氮含量诊断作物氮素丰缺状况是研究最早、最充分的方法，多年生作物以叶片全氮含量作为氮素丰缺状况诊断的依据，是氮素诊断中比较成熟的方法。②硝酸盐快速诊断：此方法常用于田间现场诊断，通过与正常植株比较对测试结果进行大致的判断。植物组织中硝态氮含量的变化要远远大于全氮，植株硝态氮含量能灵敏地反映作物对氮的需求状况，以硝态氮代替全氮作为氮营养诊断指标来估计植株氮营养状况和进行追肥推荐是植株诊断的发展。叶柄的硝态氮含量基本上能反映植株的氮素水平和土壤氮素的供应状况。③氨基态氮诊断：在一定量氮水平内，施氮量与棉花的蕾、花、铃期功能叶片的全氮和叶柄硝态氮含量呈极显著相关，因此，氨基态氮可作为棉花氮营养的诊断指标，并给出初步诊断值。④土壤化学诊断：通过测定土壤的有效养分，可以判断土壤环境是否能够满足作物根系生长活动的需要，土壤分析结果可以单独或与植株分析结果结合判断植株养分的丰缺。

（3）植株无损测试诊断

①SPAD快速诊断：叶绿素计法将植物叶片插入叶绿素计测定部位感光后读出叶绿素值（叶色值），根据与植株含氮量的关系确定氮素诊断的叶色值。②遥感技术应用：通过检测作物冠层的光反射和光吸收来监测作物的氮素营养状况。③手持式主动遥感仪：利用光学原理检测作物长势，推算出作物体内的营养状况。④计算机视觉技术：利用计算机实现人的视觉功能，对客观世界的三维场景感知、识别和理解，从而判断作物氮素状况。

52. 如何确定土壤供氮能力？

土壤氮素是土壤肥力的重要组成部分和作物氮素营养的主要来源。土壤氮素供应主要依赖于有机氮的矿化，而有机氮的矿化受植物、温度、水分等多种因素的影响，这使得土壤氮素测试方法的选择非常困难。一般有几类方法：一是生物方法（培养矿化法），二是化学方法（全氮法，碱解氮，初始无机氮），三是物理化学方法（电超滤法）。

（1）生物方法（培养矿化法）　土壤可矿化氮培养测定法，是采取模拟田间条件影响土壤氮素矿化自然过程的综合作用，将土壤样品放在适宜于土壤微生物活动的条件下培养一段时间后，测定在培养期间土壤有机质中氮素因微生物分解所形成的矿质态氮含量，代表土壤中潜在的可矿化有机氮，也就是土壤的有效氮。这种方法总称为培养矿化法或矿化率法。培养法测定土壤可矿化氮的方法分为两类：一类是好气性培养法，另一类是嫌气性（厌气、淹水）培养法。

（2）化学提取测定法　化学提取方法和培养方法相比，具有快速、准确、方便等优点。它基于以下原理：即土壤有效氮主要是指有机氮中易分解的那部分氮，用适当的化学试剂作用于土壤有机质以提取这部分易分解的有机氮，实际上也就是促进其矿化，具体浸提方法包括：①酸提取法及酸水解法；②碱提取法及碱水解法；③水提取法（沸水）；④盐类溶液提取法，KCl加热浸取有效氮是近年来受到研究者关注的土壤有效氮测定方法。

（3）土壤起始矿质氮作为指标　作物播前土壤能供给作物的氮素主要有两部分：一是土壤中已存在的硝态氮和铵态氮，称为起始矿质氮或已矿化氮；二是作物生长期间土壤有机氮的矿化，称为可矿化氮；一定深度土壤起始硝态氮能在一定程度上反映旱地土壤的供氮能力，是较好的旱地土壤供氮能力指标。

（4）电超滤法测定　电超滤法（EUF）是在生物培养法和化

学浸提法外，利用物理化学方法来反映土壤供氮能力的又一种方法，其工作原理与电渗析相同。

（5）土壤剖面无机氮（N_{min}）　该方法在施底肥前取土样，采样深度依作物可吸收的深度而定，如 $0\sim30cm$、$0\sim60cm$、$0\sim90cm$，分析无机氮（硝态氮加铵态氮），不同作物不同目标产量有对应的总需氮量。作物需氮量通过不同目标产量对应的总氮量减去初始无机氮含量来确定。N_{min} 方法的模式可用下式表述：$N_f=a-bN_m$，其中，N_f 为施氮量，N_m 为土壤剖面无机氮量，a 为作物总需氮量，b 为肥料氮与土壤无机氮的转换系数。

土壤中氮含量的测定方法主要有：①化学分析法（半微量克氏法和还原蒸馏法等）；②光学分析法：（紫外分光光度法、双波长分光光度法、近红外光谱法、镀铜镉还原—重氮化偶合比色法等）；③电分析化学法（离子选择电极法和毛细管电泳分析法等）；④仪器分析法（土壤肥力仪法、TOC 测定仪测定全氮、凯氏定氮仪、流动分析仪等）；⑤混合法及其他（示波极谱滴定法、生物培养法、开氏消煮—常量蒸馏—纳氏试剂光度法等）。

53. 怎样测试土壤有效磷？

磷是植物生长发育不可缺少的营养元素之一，磷素以多种化学形式（库）存在于土壤中。就其化合物属性而言可分为有机磷和无机磷化合物两大类。有机磷化合物包括土壤生物活体中磷和磷酸肌醇、核酸、磷脂等有机磷化物以及尚不明确存在形态的其他有机磷化合物，包括与腐殖质相结合的某些有机磷。土壤中的磷素大部分以迟效性状态存在，土壤中可被植物吸收的磷组分，包括全部水溶性磷、部分吸附态磷及有机态磷（有的土壤中还包括某些沉淀态磷），这些可以被植物吸收的磷统称为有效磷。在化学上，有效磷定义为：能与 ^{32}P 进行同位素交换的或容易被某些化学试剂提取的磷及土壤溶液中的磷酸盐。在植物营养上，土壤有效磷是指土壤中对植物有效或可被植物利用的磷，当采用化学提取剂测定土壤有效磷的含量时只能提取出很少一部分植物有效磷，因此有效磷时常也称为速效磷。应用于世界各地的主要土壤有效磷测试方法有包括非化学方法 Pi 滤纸法在内的 60 余种，较常用的如：AB - DTPA 法、Bray - 1 法、Bray - 2 法、Citric acid 法、Egner 法、ISFEIP 法、Mehlich - 1 法、Mehlich - 2 法、Mehlich - 3 法、Morgan 法、Olsen 法、Truog 法。AB - DTPA 法和 Mehlich - 3 法可同时测定多种元素；Mehlich - 3 法适用于无论是呈酸性还是碱性反应的较广的土壤类型；以测定酸性土壤为主的方法有 Bray1 法和 Morgan 法以及修正 Morgan 法等；适合于碱性土壤的方法有 Olsen 法，Olsen 法适用于石灰性土壤。目前化学试剂从土壤中提取同相磷有 4 种反应方式：①酸的溶解。酸性提取剂提供了充足的 H^+ 活性来溶解磷酸钙和一些铝磷和铁磷。其溶解度的顺序依次为：Ca - P > Al - P > Fe - P。②阴离子置换反应。吸附于 $CaCO_3$ 和铁铝水合氧化物表面的磷可以被诸如醋酸根、柠檬酸根、乳酸根、硫酸根及碳酸氢根等其他阴离子取代，氟化物和一定的有机阴离子能和 Al 络合，含有这些阴离子的提取剂能置换 Al - P 化合物中的磷，重碳酸盐与可溶性的 Ca 生成 $CaCO_3$ 沉淀，致使 Ca - P 得以释放。③阳离子键合磷的配位。氟离子可以有效地配位 Al 离子，以此从 Al - P 中释放磷，氟离子可以使 Ca 沉淀，因此以 $CaHPO_4$ 形态存在于土壤中的 P 将被含氟离子的溶液提取。④阳离子键合磷的水解。在 pH 高的情况下（提取液含有 OH^-）阳离子发生水解，氢氧根离子通过水解 Al 和 Fe 分解部分 Al - P 和 Fe - P 而提取磷。

54. 怎样测试土壤有效钾？

钾是植物生长所需营养元素三要素之一，主要对植物籽粒的成熟起到重要作用，能促进籽粒饱满成熟。土壤中钾以四种形态存在：①在云母、含钾长石之类原生矿物的结构组成中存在的钾，这种钾只有在这些矿物分解后才成为有效；②暂时陷在膨胀性晶格黏粒（如伊利石和蒙脱石）层间的钾，称为缓效钾；③由带负电荷的土壤胶体静电吸附的交换性钾，它可用中性盐（如醋酸铵）置换和提取；④少量在土壤溶液中的可溶性钾。交换性钾和溶液中钾可迅速被植物吸收，在大多数土壤测试中，常作为"有效"土壤钾来提取和测定，土壤中有效钾含量的多少直接影响到各种作物对钾的反应。对土壤供钾能力的研究，已建立了多种测定土壤有效钾的分析方法，不同国家、不同地区，甚至不同的土壤类型有不同的测定方法。1mol/L 中性 NH_4Ac 提取法以其与当季作物对钾效应的相关性好、操作简单方便而使用广泛。此外，还有 2mol/L 冷 HNO_3 法和 0.05mol/L HCl＋0.012 5mol/L H_2SO_4 法。浸提液中钾的检测方法包括：①重量法：四苯硼化钠重量法测定钾，是最经典的常量钾的检测方法。该方法是在微酸性溶液中，四苯硼化钠与钾离子反应，生成一种晶态的、具有一定组成、溶解度很小的白色沉淀，成功地被应用于钾的测定。②容量法：四苯硼钠—季铵盐容量法测钾，是在碱性的介质溶液中，加入过量的四苯硼钠标准溶液与钾定量生成稳定的四苯硼钾沉淀，过剩的四苯硼钠同季铵盐（溴化三甲基十六烷基铵）作用形成四苯硼季铵盐沉淀，使用松节油包裹四苯硼钾沉淀，以免其在回滴时解离，过量季铵盐和达旦黄指示剂反应形成粉红色以指示终点。③电位滴定法：根据滴定过程中指示电极电位的突跃，确定滴定终点的一种电容量分析法。通常采用离子选择性电极或金属惰性电极作为指示电极。④离子选择电极法：对某种特定的离子具有选择性响应，它能够将溶液中特定的离子含量转换成相应的电位，从而实现化学量—电学量的转换。⑤离子色谱法：利用离子交换原理，在离子交换柱内快速分离各种离子，由抑制器除去淋洗液中强电解质以扣除其本底电导，再用电导检测器连续测定流出的电导值，便得到各种离子色谱峰，峰面积不同和标准相对应而建立定量分析方法。⑥比浊法：四苯硼钠比浊法测钾是通过 K^+ 与 $NaB(C_6H_5)_4$ 反应生成不溶性的 $KB(C_6H_5)_4$，产生的浊度在一定范围内与钾离子的浓度成正比，根据浊度可检测出样品中钾的含量。⑦红外光谱分析法：红外光谱分析法可对产品或原材料进行分析与鉴定，确定物质的化学组成和化学结构，检查样品的纯度。⑧火焰光度计法：样品中的原子因火焰的热能被激发处于激发态，激发态的原子不稳定，迅速回到基态，放出能量，发射出元素特有的波长辐射谱线，利用此原理进行光谱分析。⑨原子吸收光谱法：在待测元素特定和独有的波长下，通过测量试样所产生的原子蒸汽对辐射光的吸收，来测定试样中该元素浓度的一种方法。⑩ICP－AES法：是当氩气通过等离子体火炬时，经射频发生器所产生的交变电磁场使其电离，加速并与其他氩原子碰撞，这种连锁反应使更多的氩原子电离，形成原子、离子、电子的粒子混合气体，即等离子体。不同元素的原子在激发或电离时可发射出特征光谱，所以等离子体发射光谱可用来定性测定样品中存在的元素。⑪X荧光光谱法：是样品受射线照射后，其中各元素原子的内壳层电子被激发、逐出原子而引起壳层电子跃迁，并发射出该元素的特征 X 射线（荧光）。每一种元素都有特征波长（或能量）的特征 X 射线。通过检测样品中特征 X 射线的波长（或能量），便可确定样品存在何种元素。⑫测钾仪：测钾仪是一种放射性测钾方法。基于自然界中钾的 3 种同位素^{39}K、^{40}K 和^{41}K 中，仅^{40}K 具有放射性。

第四章　水肥一体化中的肥料应用

55. 什么是水溶肥？

水溶性肥料，简称水溶肥，是一种可以完全溶于水的多元复合肥料。广义上水溶性肥料是指完全、迅速溶于水的大量元素单质水溶性肥料（如尿素、氯化钾等）、水溶性复合肥料（磷酸一铵、磷酸二铵、硝酸钾、磷酸二氢钾等）、农业部行业标准规定的水溶性肥料（大量元素水溶肥、中量元素水溶肥、微量元素水溶肥、氨基酸水溶肥、腐殖酸水溶肥）和有机水溶肥料等。狭义上水溶性肥料是指完全、迅速溶于水的多元复合肥料或功能型有机复混肥料，特别是农业部行业标准规定的水溶性肥料产品，该类水溶性肥料是指专门针对灌溉施肥（滴灌、喷灌、微喷灌等）和叶面施肥而言的高端产品，满足针对性较强的区域和作物的养分需求，需要较强的农化服务技术指导。水溶肥可以含有作物生长所需的氮、磷、钾、钙、镁、硫以及微量元素等全部营养元素，添加的微量元素主要有硼、铁、锌、铜、钼，其中以添加螯合态微量元素最优，由于根据作物生长所需要的营养需求特点进行科学的配方，减少肥料的浪费，使得其肥料利用率远远高于常规复合化学肥料。水溶肥主要品种有通用型、高氮型、高磷型、高钾型、硫磷酸铵型、磷酸二氢钾型、硝基磷酸铵型等。水溶肥的制取工艺有物理混配和化学合成两种。截至 2015 年 6 月 1 日，农业部水溶肥料产品登记统计已超过 6 500 个，其中大量元素水溶肥 1 383 种，微量元素水溶肥 1 668 种，含氨基酸水溶肥 1 630 种，含腐殖酸水溶肥 1 527 种，四者占水溶肥登记总数量的 95%。国家化工信息中心调查显示，当前我国水溶肥产能已超 715 万 t，产量超过 310 万 t。

56. 什么是液体肥？

液体肥料，广义上是指流体肥料，包括清液肥、悬浮肥料等水溶性肥料；又包含不溶于水的悬浊液，即将不溶于水的物质借助于悬浮剂的作用悬浮于水中。狭义的液体肥料是以营养元素作为溶质溶解于水中成为真溶液，或借助于悬浮剂的作用将水溶性的营养成分悬浮于水中成为悬浮液（过饱和溶液）。液体肥料是一种典型的高浓度肥料，外观呈流体状态，一般可分为两大类：①液体氮肥：由单一氮元素所构成的液体肥料，液体氮肥中使用最多的是液氨，其次是氮溶液和氨水，以及近几年兴起的尿素硝酸铵溶液。②液体复肥：包括有两种或两种以上营养元素的溶液或悬浮液。用于生产液体复肥的原料主要有尿素、尿素—硝酸铵、磷酸铵、多磷酸铵、氯化钾、磷酸钾、硫酸钾，以及有时也使用的硼、钼等微量元素，其营养成分一般可达50%，当浓度较高时会析出沉淀。液体复肥最好随配随用，有时为防止液体复肥变质沉淀，通常在其中加入一定量的稳定剂。在包装上，液体肥料通常要用桶、瓶、不泄漏的塑料袋进行包装。在包装成本上要比固体肥料高。液体肥料多少都含有一定的水分，因此不适宜远距离运输。欧美国家的农业经营以农场为基本单位，每个农场的面积都比较大，在规模化经营的情况下，液体肥料通常采用直接配送模式，工厂根据用户需要生产好液体配方肥，然后用槽罐车将肥料直接拉到农场的肥料储罐或储存池，农场再将肥料送到田间具体地块施用。

57. 水溶肥的标准是什么？

水溶性肥料可分为大量元素水溶肥料、微量元素水溶肥料、含腐殖酸水溶肥料、含氨基酸水溶肥料等，中国农业行业标准对相关肥料的质量有明确的要求。

（1）大量元素水溶肥料　以氮、磷、钾大量元素为主，按照适合植物生长所需比例，添加以铜、铁、锰、锌、硼、钼微量元素或钙、镁中量元素制成的液体或固体水溶肥料。产品执行标准为 NY 1107—2010，该标准规定，固体产品的大量元素含量≥50%，微量元素含量为 0.2%～3.0%；液体产品的大量元素含量≥500g/L，微量元素含量为 2～30g/L。

（2）中量元素水溶肥料　由钙、镁中量元素按照适合植物生长所需比例，或添加以适量铜、铁、锰、锌、硼、钼微量元素制成的液体或固体水溶肥料。产品执行标准为 NY 2266—2012。该指标为：液体产品 Ca≥100g/L，或者 Mg≥100g/L，或者 Ca＋Mg≥100g/L；固体产品 Ca≥10.0%，或者 Mg≥10.0%，或者 Ca＋Mg≥10.0%。

（3）微量元素水溶肥料　由铜、铁、锰、锌、硼、钼微量元素按照适合植物生长所需比例制成的液体或固体水溶肥料。产品执行标准为 NY 1428—2010。该标准规定，固体产品的微量元素含量≥10%；液体产品的微量元素含量≥100g/L。

（4）含氨基酸水溶肥料　以游离氨基酸为主体，按植物生长所需比例，添加以铜、铁、锰、锌、硼、钼微量元素或钙、镁中量元素制成的液体或固体水溶肥料，产品分微量元素型和钙元素型两种类型。产品执行标准为 NY 1429—2010。该标准规定：微量元素型含氨基酸水溶肥料的游离氨基酸含量，固体产品和液体产品分别不低于 10% 和 100g/L；至少两种微量元素的总含量分别不低于 2.0% 和 20g/L。钙元素型含氨基酸水溶肥料也有固体产品和液体产品两种，各项指标与微量元素型相同，唯有钙元素含量，固体产品和液体产品分别不低于 3.0% 和 30g/L。

（5）含腐殖酸水溶肥料　含腐殖酸水溶肥料是一种含腐殖酸类物质的水溶肥料。以适合植物生长所需比例腐殖酸，添加以适量氮、磷、钾大量元素或铜、铁、锰、锌、硼、钼微量元素制成的液体或固体水溶肥料。产品执行标准为农业行业标准 NY 1106—2010。产品标准规定，大量元素型固体产品腐殖酸含量分别不低于

3%，大量元素含量不低于 20%；大量元素型液体产品的腐殖酸含量不低于 30g/L，大量元素含量不低于 200g/L；含腐殖酸微量元素型固体产品的腐殖酸含量不低于 3%，微量元素含量不低于 6%。

（6）其他水溶肥料　不在以上 5 种水溶肥料范围之内、执行企业标准的其他具有肥料功效的水溶肥料。

58. 水溶肥都有哪些类？

（1）按剂型可分为固体型和液体型　固体型水溶性肥料包括粉剂和颗粒，液体型包括清液型和悬浮型，悬浮型液体肥的开发是为了弥补清液型养分含量低的缺点。固体型水溶肥较液体型养分含量高，运输、储存方便。液体型水溶肥配方容易调整，施用方便，与农药混配性也好。

（2）按肥料作用可分为营养型和功能型　营养型水溶性肥料包括大量元素、中量元素和微量元素类，主要含有多种营养元素，可以针对性地补充作物各个生长阶段所需的营养物质避免作物出现缺素症状。功能型水溶性肥料是营养元素和生物活性物质、农药等一些有益物质混配而成，满足作物的特需性，可以刺激作物生长，改良作物品质，防治病虫害等。

（3）按肥料组分可分为养分类、植物生长调节剂类、天然物质类和混合类。

①植物生长调节剂型水溶肥中除了营养元素外，加入了调节植物生长的物质。一般采用赤霉素、三十烷醇、复硝酚钠、DA-6、萘乙酸（钠）等促进生长的调节剂种类作为主要成分，主要作用是调控作物的生长发育，适于作物生长前中期使用。②含天然活性物质型水溶肥中一般含有从天然物质（如海藻、秸秆、动物毛发、草炭、风化煤等）中处理提取的发酵或代谢产物，产生氨基酸、腐殖酸、核酸、海藻酸、糖醇等物质。这些物质有刺激作物生长、促进作物代谢、提高作物自身抗逆性等功能，该类水溶肥包括氨基酸类

水溶肥、海藻酸类水溶肥、含糖醇水溶肥、含腐殖酸水溶肥、肥药型水溶肥、海胆素水溶肥、木醋液（或竹醋液）水溶肥、稀土型水溶肥、有益元素类水溶肥。

59. 按照生产工艺滴灌水溶肥有哪几类？

水溶性肥料生产过程主要分为物理混配型和化学合成型两种：①物理混配型。其生产技术相对简单。通过物理混配工艺生产的产品，由于各原料的纯度已经确定，导致即使水溶性肥料中很少甚至没有杂质或者不溶物，若滴灌水的硬度较大，钙、镁杂质含量较高，在一定酸度条件下也会产生钙、镁沉淀。此外，由于物理混配型水溶性肥料采用的原料形状、粒度、色泽参差不齐，因此要严格控制产品外观。②化学合成型。该生产工艺技术复杂。要实现全化学反应，必须在生产系统的液相中进行。化学合成型水溶性肥料难点在于合成反应过程，两相、三相甚至更多相的循环溶液在低温冷却结晶过程中会出现共结晶现象，易形成较为复杂的复盐，导致产品氮、磷、钾养分出现波动。

60. 水肥一体化中肥料选择的原则是什么？

优质廉价适合大田作物应用的滴灌专用肥是膜下滴灌随水施肥较为理想的肥料品种。适合滴灌施肥的肥料应满足以下要求：

（1）肥料中养分含量较高，溶解度高，能迅速地溶于灌溉水中。

（2）杂质含量低，其所含调理剂物质含量最小，能与其他肥料匹配混合施用，不产生沉淀。

（3）流动性好，不会阻塞过滤系统和灌水器。

（4）与灌溉水的相互作用很小，不会引起灌溉水 pH 的剧烈变化，特殊灌溉目的除外，如磷酸脲在新疆盐碱土上应用等。

（5）对控制中心和滴灌系统的腐蚀性很小。

（6）当灌溉水的 pH 为 7.5 时，不宜施碱性肥料如氨水等，适当加硝酸、磷酸、磷酸脲能降低灌溉水的 pH。

（7）灌溉水中的肥料总浓度控制在 5% 以下为宜。

61. 水肥一体化中肥料施用的基本原则是什么？

应用水肥一体化技术的目的就是灌溉施肥，针对不同地区自然环境特点和不同植物生长需要，其用肥料施用有所不同，其主要原则包括：

（1）因土施肥　土壤理化性质很大程度地决定了土壤肥力，直接影响植物的生长状况。采用水肥一体化技术时，首先要掌握土壤本底值，确定单次水肥用量时需要扣除土壤中可供植物吸收的土壤本底值；其次要掌握土壤酸碱性，根据土壤酸碱性选择适合的肥料或者肥料施用时间。

（2）因作物施肥　目前应用水肥一体化技术的作物种类非常多，每个作物，甚至每个品种都有特殊养分需要规律和养分敏感点，因此水肥一体化中肥料选择和施用要结合作物需肥规律。

（3）因灌溉水质施肥　结合灌溉水的水质及离子含量，综合考虑肥料类型及其最高浓度，避免发生水中钙等阳离子与磷酸根、硫酸根等阴离子反应，产生不溶物或者微溶物，堵塞滴头。

（4）因肥料特性混合　化肥是否可以相互混合要以方便施用、不发生养分损失为原则。要注意三种情况：一是可以混合，混合后既不发生化学反应给养分造成损失，又不吸湿结块给施用带来不便。二是可以暂时混合，即现混现用，不要久放。多数肥料的混合都属于这种情况。三是不可以混合，混合后会发生化学反应，造成养分损失，以铵态氮与碱性混合后造成氮损失最为常见。

（5）结合灌溉系统选择肥料　根据灌溉系统的抗堵塞性能和滴灌带使用年限，结合肥料成本，综合考虑肥料中的水不溶物。

（6）根据养分运移及根区分布，安排加肥时间　具体内容可以参考"施肥时间与养分分布的关系"中的讲述。

62. 水肥一体化中肥料选择的注意事项有哪些？

在选择肥料之前，首先应对灌溉水中的化学成分和水的 pH 有所了解。某些肥料可改变水的 pH，如硝酸铵、硫酸铵、磷酸一铵、磷酸二氢钾、磷酸等将降低水的 pH，而磷酸氢二钾则会使水的 pH 增加。当水源中同时含有碳酸根和钙镁离子时可能使滴灌水的 pH 增加进而引起碳酸钙、碳酸镁的沉淀，从而使滴头堵塞。为了合理运用滴灌施肥技术，必须掌握化肥的化学物理性质。在进行滴灌水肥一体化中，化肥应符合下列基本要求：① 高度可溶性；②溶液的酸碱度为中性至微酸性；③没有钙、镁、碳酸氢盐或其他可能形成不可溶盐的离子；④金属微量元素应当是螯合物形式；⑤含杂质少，不会对过滤系统造成很大负担。肥料选择的注意事项如下：

（1）肥料的可溶性 由于滴灌灌水器流道较小，因此利用滴灌系统施肥时，首先要考虑肥料的可溶性。大多数固态肥料在生产时都在肥料颗粒外面包一层膜，以防止吸收水分。市售肥料常用的 3 种膜质材料是：黏土、硅藻土、含水硅土。为了避免这些包膜材料溶解后产生堵塞，建议在施用前制备少量混合物，观察包膜材料是否沉淀到容器底部，是否会在表面形成泡沫或悬浮在溶液中。如果包膜材料迅速沉到容器底部，就可以制备整批溶液。包膜材料沉淀后，透明液体可注入灌溉系统。"降温效应"带来的问题是，当溶液非常凉时，肥料的溶解度会变得非常小，进而导致同样数量的水无法溶解预计的肥料。解决这一问题的方法是把溶液放置数小时使温度升高，或连续搅拌，直到所有的肥料全部溶解。

（2）肥料的兼容性 当肥料混合时需要考虑肥料之间的兼容性问题。可溶性肥料制成的液态肥料，当由不同营养元素制备肥料溶液时，应考虑以下因素：①制备过程中的安全性；②当把不同肥料溶液加入同一储液罐时，肥料溶液之间的相互作用；③液体肥料在灌溉系统中的反应；④灌溉系统对堵塞和其他问题的敏感性。在配置用于灌溉施肥的营养液时，必须考虑不同肥料混合后产物的溶解度，一些肥料混合物在贮肥罐中由于形成沉淀而使混合物的溶解度降低。为避免肥料混合后相互作用产生沉淀，应在微灌施肥系统中采用两个以上的贮肥罐，在一个贮肥罐中贮存钙、镁和微量营养元素，在另一个贮肥罐中贮存磷酸盐和硫酸盐，确保安全有效的灌溉施肥。

（3）肥料溶解时的温度变化　多数肥料溶解时会伴随热反应。如磷酸溶解时会放出热量，使水温升高；尿素溶解是会吸收热量，使水温降低，了解这些反应对田间配置营养母液有一定的指导意义。如气温较低时为防止盐析作用，应合理安排各种肥料的溶解顺序，尽量利用它们之间的热量来溶解肥料。

（4）肥料与灌溉水的反应　灌溉水中通常含有各种离子和杂质，如钙镁离子、硫酸根离子、碳酸根和碳酸氢根离子等。这些灌溉水中固有的离子达到一定浓度时，会与肥料中有关离子反应，产生沉淀。这些沉淀易堵塞滴头和过滤器，降低养分的有效性。如果在微灌系统中定期注入酸溶液（如硫酸、磷酸、盐酸等），可溶解沉淀，以防滴头堵塞。

（5）灌溉用肥料与设备的反应　因为肥料要通过微灌系统使用，微灌系统的材料和肥料要直接接触，有些材料容易被腐蚀、生锈或溶解，有些则抗性强，可耐酸碱盐。

63. 滴灌肥生产中主要氮、磷、钾原料有哪些？

绝大多数水溶性固体或液体肥料都适用于微灌施肥，其中氮肥包括尿素、硝酸铵、硝酸钙、硝酸钾以及各种含氮溶液；钾素养分包括氯化钾、硫酸钾、硝酸钾和硫代硫酸钾等；微灌施肥中磷素养分的来源相对有限，常用的有磷酸、磷酸一铵、磷酸二铵和磷酸二氢钾等，具体名单如表4-1所示。

表 4-1　供应大量元素的常用原料

供氮原料	供磷原料	供钾原料
尿素	磷酸	硝酸钾
尿素硝酸铵溶液	磷酸二氢钾	硫酸钾
硫酸铵	磷酸氢二钾	氯化钾
硝酸铵	磷酸二氢铵	柠檬酸钾
硝酸铵钙	磷酸氢二铵	硅酸钾
硝酸铵磷	磷酸脲	氢氧化钾
液氨（氨水）	聚磷酸铵	硫代硫酸钾
磷酸一铵/二铵		腐殖酸钾
硝酸钙		
硝酸镁		
碳酸铵		

64. 哪些氮肥可以在水肥一体化中应用？

氮是植物体内许多重要有机化合物的重要组分，土壤中能够为作物提供氮源的主要氮肥形态分为铵态氮、硝态氮、酰胺态氮，这几种氮源均为速效氮肥，酰胺态氮在土壤中经过微生物转化为铵态氮或硝态氮后为作物生长提供氮营养。水肥一体化技术中的常用的氮源如表 4-2 所示。

表 4-2　常见供氮原料的种类及特性分析

原料类别	名称	分子式	氮含量（N,%）	特性
酰胺态氮素	尿素	$CO(NH_2)_2$	46	1. 中性有机化合物，施入土壤后以分子态存在于土壤中，并与土壤胶粒发生氢键吸附，吸附力略小于电荷吸附 2. 在土壤中受脲酶作用而转化成碳酸铵，形成铵态氮，其水解产物同铵态氮 3. 吸湿性强，水溶性好

（续）

原料类别	名称	分子式	氮含量 (N,%)	特 性
铵态氮素	液氨	NH_3	82.3	1. 易溶于水，可被作物直接吸收利用 2. NH_4^+ 在土壤中不易淋失，肥效比 NO_3^- 长 3. 遇碱性物质会分解出 NH_3，深施覆土，可以提高其肥效 4. 在通气良好的土壤中，NH_4^+ 可通过硝化作用迅速转化为 NO_3^-
	氨水	$NH_3 \cdot H_2O$	12.4～16.5	
	硫酸铵	$(NH_4)_2SO_4$	20～21	
	氯化铵	NH_4Cl	25	
硝态氮素	硝酸钙	$Ca(NO_3)_2$	12.6～15	1. 易溶于水，肥效迅速，溶解度很大，吸湿性强，严格防潮 2. NO_3^- 流动性大，降雨量大或水田易流失 3. 受热时分解出 O_2，阻燃性极强，储存时既要防潮又要防热
	硝酸钠	$NaNO_3$	15～16	
	硝酸钙镁	—	13.6	
	硝酸铵	NH_4NO_3	34～35	
	硝酸铵钙	$Ca(NO_3)_2 \cdot NH_4NO_3$	15.5	
	硝酸铵磷	—	32	
	硝酸钾	KNO_3	13	

65. 水肥一体化中施用硝态氮与铵态氮的区别？

铵态氮和硝态氮都是良好氮源，可以被作物直接吸收和利用，这两种形态的氮素约占植物吸收阴阳离子的 80%。作物种类和环境条件不同，其营养效果有一定差异，施用时必须根据当地作物、土壤等条件进行合理分配选用。植物在吸收和代谢两种形态的氮素上存在不同。首先，铵态氮进入植物细胞后必须尽快与有机酸结合，形成氨基酸或酰胺，铵态氮以 NH_3 的形态通过快速扩散穿过细胞膜，氨系统内的 NH_4^+ 的去质子化形成的 NH_3 对植物毒害作用较大。硝态氮在进入植物体后一部分还原成铵态氮，并在细胞质中进行代谢，其余部分可"贮备"在细胞的液泡中，有时达到较高的浓度也不会对植物产生不良影响，硝态氮在植物体内的积累都发生在植物的营养生长阶段，随着植物的不断生长，体内的硝态氮含量会消耗殆尽，至少会大幅下降。因此，单纯施用硝态氮肥一般不会产生不良效果，而单纯施用铵态氮则可能会发生铵盐毒害。

　　虽然铵、硝态氮都是植物根系吸收的主要无机氮，但由于形态不同，也会对植物产生不同效应。硝态氮促进植物吸收阳离子，促进有机阴离子合成；而铵态氮则促进吸收阴离子，消耗有机酸。一般而言，旱地植物具有喜硝性，而水生植物或强酸性土壤上生长的植物则表现为喜铵性，这是作物适应土壤环境的结果。植物对铵、硝态氮吸收情况除与植物种类有关外，外界环境条件对植物吸收氮有着重要的影响。其中溶液中的浓度直接影响吸收的多少，温度影响着代谢过程的强弱，而土壤 pH 影响着两者进入的比例，在其他条件一致时，pH 低有利于硝态氮的吸收，pH 高有利于铵态氮的吸收。

　　水质对氮肥选择的影响也比较大。例如新疆地区的水质偏碱，大部地区引天山雪水进行农田滴灌，雪水在流动分配过程中会吸收流经地的土壤盐分，造成水中的盐分增高，这时选择硝酸钙、硝酸铵钙、硝酸钙镁这些肥料进行滴灌，就会使肥料中的钙镁离子与水中的盐分离子进行反应生成沉淀，时间长容易堵塞滴灌系统，导致整个水肥一体化系统瘫痪。

　　因此，在水肥一体化系统中对氮肥的选择主要根据作物对氮源的喜好、土壤 pH、土壤通气性、氮肥的溶解性、水的盐度等因素进行综合考量选择。

66. 哪些磷肥可以在水肥一体化中应用？

　　磷素是作物生长必需的营养元素，作物主要从土壤中吸收以 $H_2PO_4^-$ 或 HPO_4^{2-} 形态存在的正磷酸根离子，大多数作物吸收 $H_2PO_4^-$ 速率比吸收 HPO_4^{2-} 快。然而不同 pH 对正磷酸盐形态的影响不同。作物对正磷酸盐吸收主要以 $H_2PO_4^-$ 为主，以 HPO_4^{2-}

为次，PO_4^{3-} 较难吸收，因此，当土壤 pH 为 6.0～7.5 时，磷素有效性最高。滴灌施肥中的供磷原料主要有磷酸二氢铵（一铵）、磷酸一氢铵（二铵）、磷酸二氢钾、磷酸、聚磷酸、聚磷酸铵以及一些基础液肥等。农用级别的磷酸一铵、二铵由于杂质含量高，一般不能采用物理生产方法生产水溶性肥料，而应选用工业级磷酸一铵或二铵；生产固体水溶性肥料常选用磷酸一铵、二铵与磷酸二氢钾等。不同的磷素原料其养分含量及特性分析如表 4-3 所示。

表 4-3　常见供磷原料的种类及特性分析

名称	分子式	养分含量（%）			特性与用途
		P_2O_5	N	K_2O	
热法磷酸	85% H_3PO_4	61.5			单质磷滴灌，强酸性清洗滴头，调节土壤酸度
磷酸一铵（MAP）	$NH_4H_2PO_4$	61	12		白色结晶性粉末，溶解性好。直接作为单质磷氮滴灌，是水溶 N、P、K 的主要复配料
磷酸二铵（DAP）	$(NH_4)_2HPO_4$	53	20.8		白色结晶性粉末，溶解性好，有一定吸湿性。直接作为单质磷、氮滴灌，碱性，一般不作为 N、P、K 的配料
磷酸脲（UP）	$CO(NH_2)_2$：H_3PO_4	44	17.4		无色透明晶体，易溶于水，水溶液呈酸性，1% 水溶液的 pH 为 1.89。强酸性肥料可清洗滴头，调节碱性与盐性土壤酸度，直接作为单质磷、氮滴灌
磷酸二氢钾（MKP）	KH_2PO_4	51.5		34	白色结晶粉末，易溶于水，呈酸性，一般作叶面喷施，促花坐果
聚磷酸铵（APP）水溶级	$(NH_4)_{(n+2)}$ $P_nO_{(3n+1)}$	30	15		无毒无味，吸湿性小，热稳定性高。可直接作为单质磷、氮滴灌。液体复配料使用较多

（续）

名称	分子式	养分含量（%）			特性与用途
		P_2O_5	N	K_2O	
聚合磷钾 （PKACID）	$K_{(n+2)}P_n$ $O_{(3n+1)}$	60		20	白色晶体粉末，属强酸性肥料，能清洗滴头，调节碱性和盐性土壤酸度，促花坐果
焦磷酸钾 （TKPP）	$K_4P_2O_7$	42		56	白色粉末或块状固体，易溶于水，水溶液呈碱性，1%水溶液 pH 为 10.2。一般作为叶面喷施，促花坐果，使用不广泛
硝酸铵磷 （NP）		10	30（硝态氮16%；铵态氮14%）		白色固体颗粒，新型全水溶性氮、磷复合肥，植物易吸收、见效快。硝酸铵高塔造粒改性产品，提供硝态氮和铵态氮

67. 哪些钾肥可以在水肥一体化中应用？

　　钾是植物生长的最重要养分，钾能促进酶活化，促进光能利用，进而增强光合作用，其能改善作物的能量代谢，促进碳水化合物的合成与光合产物的运输，进而促进糖代谢，同时能够促进氮素吸收和蛋白质合成，对调节作物生长、提高作物抗逆性、改善作物品质具有重要作用。作物从土壤中吸收的钾全部是 K^+，钾盐肥料均为水溶性，但也含有某些其他不溶性成分。主要钾肥品种有氯化钾、硫酸钾、磷酸二氢钾、钾石盐、钾镁盐、光卤石、硝酸钾、窑灰钾肥。水溶性肥料生产所需的钾肥主要包括硝酸钾、硫酸钾、氯化钾、磷酸二氢钾、腐殖酸钾、氢氧化钾等。硝酸钾：外观白色结晶或细粒状，物理性状良好，是一种生理碱性肥料，能同时提供作物生长所需的硝态氮素和钾素。硫酸钾：纯净的硫酸钾为白色或者淡黄色的菱形或六角形结晶，溶解度远小于氯化钾，不易结块属于生理酸性肥料。由于硫酸钾溶解速率较慢，只有速溶性硫酸钾可以做水溶性肥料或原料。氯化钾：白色晶体，为化学中性、生理酸性肥料。目前，很多施肥指南或者国家标准上都要求限制氯含量，尤其是忌氯作物更不能施用含氯肥料，其实这是一种误解；可能除对品质要求严格的作物（烟草）控制含氯化肥施用外，大多数经济作物合理使用氯化钾都没有太大影响。一方面氯离子在土壤中十分活跃、易淋洗；另一方面氯是营养元素，调节细胞渗透压。自然界不存在忌氯作物，而是存在对氯敏感作物。以色列等农业发达国家作物生产中都在大量使用氯化钾，硫酸钾极少。磷酸二氢钾：无色四方晶体，无色结晶或白色颗粒状粉末，磷酸二氢钾广泛运用于滴灌喷灌系统中。不同的钾肥原料其养分含量及特性分析如表 4-4 所示。

表 4-4 不同的钾肥原料其养分含量及特性分析

名称	分子式	养分含量（%）			特性与用途
		K_2O	N	P_2O_5	
硝酸钾	KNO_3	45.5	13		溶于水，肥效迅速，溶解度大，吸湿性强，严格防潮
硫酸钾	K_2SO_4	50			吸湿性远小于氯化钾，不易结块，施用时分散性好，易溶于水，但溶解速率较慢
氯化钾	KCl	60			吸湿性不大，通常不易结块，化学中性、生理酸性肥料
磷酸二氢钾	KH_2PO_4	34		51.5	白色结晶性粉末，易溶于水，1%溶液 pH 为 4.6
氢氧化钾	KOH	71			易溶于水，溶解时放出大量溶解热，有极强的吸水性，在空气中能吸收水分而溶解，并吸收二氧化碳逐渐变成碳酸钾

68. 哪些中微量元素可以在水肥一体化中应用？

相对于氮、磷、钾3种大量元素，钙、镁、硫3种被列入中量元素，锌、硼、锰、钼、铜、铁、氯、镍8种被列入微量元素，在农业生产中上述11种元素通常被称为中微量元素。中微量元素大多是植物体内促进光合作用、呼吸作用以及物质转化作用等的酶或辅酶的组成部分，在植物体内非常活跃。作物缺乏任何一种中微量元素时，生长发育都会受到抑制，导致减产和品质下降，严重的甚至绝收。作物只能吸收能溶于水的离子态或螯合态的中微量元素；土壤中不溶于水的含微量元素的各种盐类和氧化物不能被植物吸收，所以以离子态施入土壤的中微量元素极易与土壤中的碳酸根、磷酸根、硅酸根等结合而被固定，成为难溶性的盐，金属螯合物则可防止这一现象的发生。我国推广应用的中微肥有钙肥、镁肥、硼肥、钼肥、锌肥、铜肥、锰肥、铁肥。

（1）硼和钼常为阴离子，而钙、镁、锌、锰、铜、铁、钴等元素则为阳离子，就这些元素的离子状态来说，按养分组成划分，大致可分为以下三类：①单质微肥：这类肥料一般只含一种为作物所需要的微量元素，如硫酸锌、硫酸亚铁，这类肥料多数易溶于水。②复合微肥：这一类肥料多在制造肥料时加入一种或多种微量元素而制成，它包括大量元素与微量元素以及微量元素与微量元素之间的复合。例如，磷酸铵锌、磷酸铵锰等。③混合微肥：这类肥料是在制造或施用时，将各种单质肥料按其需要混合而成。

（2）按中微肥化合物类型，大致可分为五类：①易溶性无机盐：这类肥多数为硫酸盐或者硝酸盐。②难溶性无机盐：多数为磷酸盐、碳酸盐类，也有部分为氧化物和硫化物。例如，磷酸铵锌、氯化锌等。③玻璃肥料：多数为含有中微量元素的硅酸盐粉末，经高温烧结或熔融为玻璃状的物质，一般只能作底肥。④螯合物肥料：是天然或人工合成的具有螯合作用的化合物，与中微量元素螯合而成的螯合物，如螯合锌等。⑤含微量元素的工业废渣：不同的中微量肥料原料养分含量及其特性分析如表4-5所示。

表4-5 不同的中微量肥料原料养分含量及其特性分析

原料类别	原料名称	分子式	养分含量（%）	特性
钙肥	硝酸钙	$Ca(NO_3)_2$	17	白色结晶，极易溶于水，吸湿性较强，极易潮解
	氯化钙	$CaCl_2$	36	白色粉末或结晶，吸湿性强，易溶于水，水溶液呈中性，属于生理酸性肥料
	硝酸铵钙	$Ca(NO_3)_2 \cdot NH_4NO_3$	19	属中性肥料，生理酸性度小，溶于水后呈弱酸性
	螯合态钙	$EDTA-Ca$	10	白色结晶粉末，易溶于水，钙元素以螯合态存在
镁肥	六水合硝酸镁	$Mg(NO_3)_2$ $(H_{12}MgN_2O_{12})$	15.5	无色单斜晶体，极易溶于水、液氨、甲醇及乙醇
	六水合氯化镁	$MgCl_2$ $(MgCl_2 \cdot 6H_2O)$	40~50	无色结晶体，呈柱状或针状，有苦味，易溶于水和乙醇
	硫酸镁	$MgSO_4$	9.9	白色结晶，易溶于水，稍有吸湿性，水溶液为中性，属生理酸性肥料
	螯合镁	$EDTA-Mg$	6.0	白色结晶粉末，易溶于水，镁元素以螯合态存在
铁肥	硫酸亚铁	$FeSO_4 \cdot 7H_2O$	19~20	淡绿色晶体，易溶于水，10%水溶液呈酸性
		$FeSO_4 \cdot H_2O$	33	
	硫酸亚铁铵	$(NH_4)_2SO_4 \cdot FeSO_4 \cdot 6H_2O$	14	浅蓝色结晶或粉末，易溶于水，易被氧化
	EDTA螯合铁	$C_{10}H_{12}N_2O_8$ $FeNa \cdot 3H_2O$	5~14	黄色结晶，易溶于水，水不溶物含量低，水溶液呈酸性
锰肥	硫酸锰	$MnSO_4 \cdot H_2O$	26~28	粉红色晶体，易溶于水，易发生潮解

（续）

原料 类别	原料名称	分子式	养分含量 （%）	特性
锰肥	氯化锰	$MnCl_2 \cdot 4H_2O$	27	粉红色晶体，易溶于水，易发生潮解
	EDTA 螯合锰	$C_{10}H_{12}N_2O_8Mn$ $Na_2 \cdot 3H_2O$	13	粉红色晶体，易溶于水，中性偏酸性
锌肥	硫酸锌	$ZnSO_4 \cdot 7H_2O$	23～24	白色或浅橘红色晶体，易溶于水，在干燥环境下失去结晶水而变成白色粉末
		$ZnSO_4 \cdot H_2O$	35～50	白色流动性粉末，易溶于水，空气中易潮解
	硝酸锌	$Zn(NO_3)_2 \cdot$ $6H_2O$	22	无色四方结晶，易溶于水，水溶液呈酸性
	氯化锌	$ZnCl_2$	40～48	白色晶体，易溶于水，潮解性强，水溶液呈酸性
	EDTA 螯合锌	$C_{10}H_{12}N_2O_8$ $ZnNa_2 \cdot 3H_2O$	12～14	白色晶体，极易溶于水，中性偏酸性
铜肥	硫酸铜	$CuSO_4 \cdot 5H_2O$	24～25	蓝色晶体，易溶于水，水溶液呈蓝色且酸性，在空气中久置会失去结晶水，变成白色
	氯化铜	$CuCl_2$	47	蓝色粉末，易溶于水，易潮解，水溶液呈酸性
	EDTA 螯合铜	$C_{10}H_{12}N_2O_8Cu$ $Na_2 \cdot 3H_2O$	14.5	蓝色结晶粉末，易溶于水，中性偏酸性
硼肥	硼酸	H_3BO_3	17.5	白色结晶，易溶于水，水溶液呈微酸性
	四硼酸钠	$Na_2B_4O_7$	21	白色粉末，吸湿性较强，易溶于水
	五水四硼酸钠	$Na_2B_4O_7 \cdot 5H_2O$	15	白色结晶粉末，易溶于热水，水溶液呈碱性

（续）

原料类别	原料名称	分子式	养分含量（%）	特性
硼肥	十水四硼酸钠	$Na_2B_4O_7 \cdot 10H_2O$	11	又名硼砂，为白色晶体或粉末，在干燥条件下，易失去结晶水变成白色粉末
	四水八硼酸钠	$Na_2B_8O_{13} \cdot 4H_2O$	21	白色粉末，易溶于冷水，高效速溶性硼酸盐
钼肥	钼酸	$H_2MoO_4 \cdot H_2O$	20～30	白色或带有黄色的粉末，微溶于水，易溶于液碱、氨水或氢氧化铵溶液；无机酸，钼的含氧酸，氧化性较弱
	钼酸铵	$(NH4) 6Mo_7O_{24} \cdot 4H_2O$	50～54	青白或黄白色晶体，易溶于水，易风化
	钼酸钠	$Na_2MoO_4 \cdot 2H_2O$	35～39	白色晶体，易溶于水，水溶液呈碱性

69. 滴灌能否施用有机肥？

滴灌系统是液体压力输水系统，显然不能直接使用固体有机肥。有机肥要用于滴灌系统，主要解决两个问题：一是有机肥必须液体化，二是要经过多级过滤。一般易沤腐、残渣少的有机肥都适合于微灌施肥。含纤维素、木质素多的有机肥不宜于滴灌系统。有些有机物料本身就是液体的，如酒精厂、味精厂的废液。但有些有机肥沤后含残渣太多不宜作微灌肥料。沤腐液体有机肥应用于滴灌更加方便，只要肥液不存在导致微灌系统堵塞的颗粒，均可直接使用。另外也可以直接选择滴灌有机专用肥施用，滴灌有机专用肥是无机营养元素和生物活性物质或其他物质混配而成，肥料产品既能为作物提供养分，又能改土促根调节作物生长发育等。我国水溶肥料登记产品中包括含氨基酸、腐殖酸水溶性肥料。水溶性肥料产品要求原料性能稳定，并能实现长期稳定供应，所用原料指标应一致，常见的功能性有机物质及其特性分析见表4-6。

表4-6　常见的功能性有机物质及其特性分析

有效物料名称	来源	功能特性
腐殖酸	褐煤、风化煤及木本泥炭等	促根抗逆，活化土壤养分，提高养分利用率以及增产提质等
氨基酸	糖厂、味精厂、酵母发酵液等以及屠宰场下脚料等加工而成	促进作物对养分的吸收，提高养分利用率；增强作物的抗逆性，调节作物生长发育，增加作物产量，改善作物品质等
海藻酸	褐藻、蓝藻、绿藻、红藻等	含有刺激作物生长发育的活性物质，能够提高作物的抗逆性，促进种子萌发，进而提高作物产量，改善作物品质
糖醇	广泛存在于植物和微生物体内，主要包括木糖醇、甘露醇和山梨醇	能够参与细胞内渗透调节，提高作物抗逆性；利于中微量元素在物体内运输，如糖醇钙能加快作物体内对钙的吸收利用，进而促进作物生长，提高作物产量和改善作物品质
甲壳素	甲壳动物的外壳和昆虫表皮以及菌类的细胞壁等	促进作物生长，改善土壤生态环境以及提高作物抗逆性

70. 沼液是否可以用于滴灌？

沼渣、沼液是一种成分丰富且平衡的肥料，俗称沼肥，沼渣是肥的底层残渣，主要包括：①难以分解的有机残留物，如木质素、少量纤维素等；②由木质素、蛋白质、多糖类物质经微生物分解转化而成的腐殖酸类物质；③灰分物质，包括可溶性灰分物质：吸附于有机残渣上或与腐殖酸代换结合的铵、钾、磷酸根等离子，以及某些微量元素等；难溶性灰分物质：钙、镁、铁等金属离子形成的硅酸盐类及其复盐等。沼液是沼肥的液体部分，主要包括发酵过程中分解释放的有机、无机盐类，如铵盐、钾盐、磷酸盐等可溶性物质，总固体含量约小于1%。沼液与沼渣相比，虽然养分含量不高，但其养分主要是速效性养分。沼液不仅含有丰富的氮（0.03%～0.08%）、磷（0.02%～0.07%）、钾（0.05%～1.40%）等大量营养元素和钙、铜、铁、锌、锰等中微量营养元素，还含有丰富的氨基酸、B族维生素、各种水解酶、某些植物激素、对病虫害有抑制作用的物质或因子。沼液结合农业灌溉，沼液与水按适当比例进行耦合灌溉，能够使肥料和水结合在一起，均匀施入田间，有利于作物吸收，并节省人力、物力和时间。沼液滴灌需要进一步处理才能进入灌溉系统，简单地可以划分为三个部分：第一部分是沼液储存以及粗过滤系统；第二部分是沼液细过滤和自动配比系统；第三部分是田间沼液灌溉系统。

71. 如何通过包装识别滴灌肥？

水溶肥料的选择，首先需要根据其产品包装的规范性，选择优质的肥料产品，具体方法如下：

（1）要看包装袋上大量元素和微量元素养分的含量　对于符合农业部登记的水溶性肥料，以大量元素水溶肥为例，依据其登记标准，氮、磷、钾三元素单一养分含量不能低于4%，三者之和不能低于50%，若在包装袋上看到大量元素其中一种标注不足4%的，或三者之和不足50%的，说明此类产品不符合登记要求。

（2）要看包装袋上各种具体养分的标注　高品质的水溶性肥料或者硝基肥对保证成分（包括大量元素和微量元素）标识非常清楚，而且都是单一标注，这样养分含量明确，才能放心选用。

（3）要看产品配方和登记作物　高品质的水溶性肥料，一般配方种类丰富，从苗期到采收期都能找到适宜的配方。正规的肥料登记作物是某一种或几种作物，对于没有登记的作物需要有各地使用经验说明。

（4）要看有无产品执行标准、产品通用名称和肥料登记证号　市场上通常所说的全水溶性肥料，实际上其产品通用名称是大量元素水溶性肥料，通用的执行标准是 NY 1107—2010，如果包装上出现的不是这个标准，说明不是全水溶性肥料。此外，还要看其是否具有肥料登记证号，如果农户对产品有怀疑，可以在网上查其肥料登记证号，合格的大量元素水溶性肥料，肥料登记证号和生产厂家都能查到，若查不到，说明该产品不合格。

（5）要看有无防伪标志　一般正规厂家生产的全水溶性肥料，在包装袋上都有防伪标识，它是肥料的"身份证"，有无防伪标识是判断肥料质量好坏的很重要的一项指标。

（6）要看包装袋上是否标注重金属含量　正规厂家生产的大量元素水溶性肥料重金属离子含量都低于国家标准，并有明显的标注。若肥料包装袋上没有标注重金属含量，在选择的时候应慎用。

72. 套餐施肥如何与水肥一体化技术相结合？

套餐施肥是以土壤测试为基础，根据作物的需肥规律、土壤供肥性能和肥料效应，对肥料进行科学选择、精心配置并准确定量配方投入，以提高肥料的有效成分利用率为主要目标，全面实现优质、高产、高效、生态、安全目标，致力于服务绿色农业，真正做到农业的绿色可持续发展。完整的套餐肥包括作物底肥、追肥、叶面肥，整体实现大量元素、中量元素、微量元素、腐殖酸、微生物的全面营养覆盖。套餐肥既能够提供作物所需的氮、磷、钾等大量元素，又能够提供钙、镁、硼、锌、铁等中微量元素。对于组成套餐肥的基础性原料的要求就是水溶性好，能够迅速溶解于水，并能够满足作物营养元素的养分形态和数量要求。

水溶性好的基础原料不仅可以作为普通肥料单独施用，还可以作为套餐肥的良好原料，是设计套餐肥料的基础。套餐肥料的养分浓度高，养分元素数量全，配方适宜，能够满足水肥同施，以水带肥，实现水肥一体化，减少施肥总量，发挥肥水协同效应，显著提高肥水的利用效率。套餐肥中不仅大量元素养分量高，而且添加中微量元素，养分更全面、肥效快，可解决高产作物快速生长期的营养需求。

在水肥一体化的系统中，套餐肥原料选择主要关注两个方面的技术指标：一是肥料的水不溶物含量；二是肥料的盐度指数，尽可能选用低盐度指数的原料品种。一般不产生沉淀的物质可选用无机盐，强酸盐通常是水溶性的，硝酸盐、硫酸盐及氯化物是常用的形态，硝酸盐及氯化物的溶解度远大于硫酸盐。套餐肥的水溶性在储存、施用过程中，稳定性指标非常重要。对于水溶性的套餐肥来说，溶液的 pH、养分浓度和养分形态对稳定性的影响很大，尤其是液体水溶性肥料，从原料的选择方面，必须注重混合物料之间的化学稳定性。金属元素在酸性条件下比较稳定，在碱性甚至偏碱性条件下易生成氢氧化物沉淀；非金属元素在碱性条件下比较稳定，例如硼在酸性条件下生成不易水解的硼酸，导致液体肥的分层现象。对于一些低溶解度的原料，温度对其影响较大。尽管一些液体套餐肥在生产时养分元素处于完全溶解状态，但是温度等外界条件的改变，会导致养分元素处于过饱和状态，出现结晶。当环境温度降低时，悬浮性套餐肥还会出现黏度升高、流动性显著降低的情况，在施用过程中肥料不易倒出。因此，在选择套餐肥原料时，不仅要从原料本身的物理化学特性出发，还应多关注多种养分元素在溶液中的共稳定性及溶解性等。此外，灌溉水质的影响也必须考虑在内。

第五章 灌溉技术与水肥一体化

73. 水肥一体化的灌溉工程有哪些?

灌溉工程的建设应以增加农民收入及保障粮食安全为前提,是水肥一体化发展的核心。下面将分类介绍主要的水肥一体化灌溉工程。

(1)滴灌水肥一体化工程 是利用塑料管道将水通过直径约10mm及以上毛管上的孔口或灌水器送到作物根部进行局部灌溉。这是目前干旱缺水地区最有效的一种节水灌溉方式,水分利用率可达95%。滴灌较喷灌具有更高的节水增产效果,同时可以结合施肥,提高肥效一倍以上。可适用于果树、蔬菜、经济作物以及温室大棚灌溉,在干旱缺水的地方也可用于大田作物灌溉。其不足之处是滴头易结垢和堵塞,因此应对水源进行严格的过滤处理。

(2)水窖滴灌水肥一体化工程 是通过雨水集流或引用其他地表径流到水窖(或其他微型蓄水工程)内,再配上滴灌以解决干旱缺水地区的农田灌溉问题。它具有结构简单、造价低、家家户户都能采用的特点。对干旱贫困山区解决温饱问题和发展庭院经济有重要作用,应在干旱和缺水山区大力推广。

(3)地下滴灌水肥一体化工程 是把滴灌管埋入地下作物根系活动层内,灌溉水通过微孔渗入土壤供作物吸收。有的地方在塑料管上隔一定距离钻一个小孔,埋入地下植物根部附近进行灌溉,群众俗称"渗灌"。地下滴灌具有蒸发损失少、省水、省电、省肥、省工和增产效益显著等优点,果树、棉花、粮食作物等均可采用。其缺点是,当管道间距较大时灌水不够均匀,在土壤渗透性很大或地面坡度较陡的地方不宜使用。

　　（4）膜上灌、膜下灌水肥一体化工程　　用地膜覆盖田间的垄沟底部，引入的灌溉水从地膜上面流过，并通过膜上小孔渗入作物根部附近的土壤中进行灌溉，这种方法称作膜上灌，在新疆等地已大面积推广。采用膜上灌，深层渗漏和蒸发损失少，节水显著，在地膜栽培的基础上不需再增加材料费用，并能起到对土壤增温和保墒作用。在干旱地区可将滴灌管放在膜下，或利用毛管通过膜上小孔进行灌溉，这称作膜下灌。这种灌溉方式既具有滴灌的优点，又具有地膜覆盖的优点，节水增产效果更好。

　　（5）喷灌水肥一体化工程　　是利用管道将有压水送到灌溉地段，并通过喷头分散成细小水滴，均匀地喷洒到田间，对作物进行灌溉。它作为一种先进的机械化、半机械化灌水方式，在很多发达国家已广泛采用。常用的喷灌有管道式、平移式、中心支轴式、卷盘式和轻小型机组式。

　　（6）微喷水肥一体化工程　　微喷是新发展起来的一种微型喷灌形式。这是利用塑料管道输水，通过微喷头喷洒进行局部灌溉的。它比一般喷灌更省水，可增产30％以上，能改善田间小气候，可结合施用化肥，提高肥效。主要应用于果树、经济作物、花卉、草坪、温室大棚等灌溉。

74. 滴灌有哪些类型？

　　（1）按管道的固定程度，滴灌可分固定式、半固定式和移动式三种类型。

　　①固定式滴灌。其各级管道和滴头的位置在灌溉季节是固定的。其优点是操作简便、省工、省时，灌水效果好。固定式滴灌根据毛管灌水器位置可分为地面固定式和地下固定式。地面固定式：毛管布置在地面，在灌水期间灌水器不移动的系统称为地面固定式系统，现在绝大多数采用这类系统。主要应用在果园、温室、大棚和少数大田作物的灌溉中，灌水器包括各种滴头和滴灌管（带）。这种系统的优点是安装、维护方便，也便于检查土壤湿润和测量滴

头流量变化的情况；缺点是毛管和灌水器易于损坏和老化，对田间耕作也有影响。地下固定式：将毛管和灌水器（主要是滴头）全部埋入地下的系统称为地下固定式系统，这是在近年来滴灌技术的不断改进和提高，灌水器堵塞减少后才出现的，但应用面积不多。与地面固定式系统相比，它的优点是免除了毛管在作物种植和收获前后安装和拆卸的工作，不影响田间耕作，延长了设备的使用寿命；缺点是不能检查土壤湿润和测量灌水器流量变化的情况，发生问题维修也很困难。

②半固定式滴灌。其干、支管固定，毛管由人工移动。

③移动式滴灌。其干、支、毛管均由人工移动，设备简单，较半固定式滴灌节省投资，但用工较多。在灌水期间，毛管和灌水器在灌溉完成后由一个位置移向另一个位置进行灌溉的系统称为移动式滴灌系统，此种系统应用也较少。与固定式系统相比，它提高了设备和利用率，降低了投资成本，常用于大田作物和灌溉次数较少的作物，但操作管理比较麻烦，管理运行费用较高，适合于干旱缺水、经济条件较差的地区使用。

（2）根据控制系统运行的方式不同，可分为手动控制、半自动控制和全自动控制三类。

①手动控制。系统的所有操作均由人工完成，如水泵、阀门的开启、关闭，灌溉时间的长短、何时灌溉等。这类系统的优点是成本较低，控制部分技术含量不高，便于使用和维护，很适合在我国广大农村推广；不足之处是使用的方便性较差，不适宜控制大面积的灌溉。

②全自动控制。系统不需要人直接参与，通过预先编制好的控制程序和根据反映作物需水的某些参数可以长时间地自动启闭水泵和自动按一定的轮灌顺序进行灌溉。人的作用只是调整控制程序和检修控制设备。这种系统中，除灌水器、管道、管件及水泵、电机外，还包括中央控制器、自动阀、传感器（土壤水分传感器、温度传感器、压力传感器、水位传感器和雨量传感器等）、智能气象站、智能灌溉控制器及电线等。

③半自动控制。系统中在灌溉区域没有安装传感器，灌水时间、灌水量和灌溉周期等均是根据预先编制的程序，而不是根据作物和土壤水分及气象资料的反馈信息来控制的。这类系统的自动化程度不等，有的是一部分实行自动控制，有的是几部分进行自动控制。

75. 什么是自压滴灌技术？

自压滴灌是滴灌技术的一种形式，是一种新型的自流灌溉技术；压力补偿自压滴灌是利用水源自然落差实现滴灌的一种灌溉技术，具有水源供给适应性强（通过水窖、水池等供水）、不用电能和安装方便的特点，从而达到节能、节水、节肥、提高品质、增加产量、降低成本与生态环保的效果。压力补偿自压滴灌技术的特点是不需要额外动力，充分利用水源自然的重力落差，通过水压恒定器实现自动衡压调节灌溉，山地不同高度的每棵作物都能获得均匀的供水量，该技术对水源没有特殊要求，通过水窖、水塘、沟渠、山泉等均可供水，从而达到节水、节肥、提高品质、增加产量、降低成本的效果。同时能够维持土壤固、液、气三相的最佳比例，较之于传统地面灌溉和喷灌能降低空气湿度、保持地温，提高作物的抗逆性，减少病虫害和杂草生长，防止水土流失，生态环保，高效节能，节省劳力，同时由于成本及运行费用低廉，安装、操作和维修方便，特别适合家庭和小面积种植户安装使用，是目前新农村建设中农业增效、农民增收，发展高效农业，建设社会主义新农村的实用水利技术。

76. 滴灌水肥一体化系统由哪些部分组成？

滴灌施肥系统主要由水源工程、首部枢纽工程（包括水泵及配套动力机、过滤系统以及施肥系统）、输配水管网（输水管道和田间管道）、灌水器四部分组成。

（1）水源工程 滴灌系统的水源可以是河流、湖泊、池塘、水库、水窖、机井、泉水、沟渠等，但水质必须符合灌溉（滴灌）水质的要求，由于这些水源经常不能被滴灌施肥系统直接利用，或流量不能满足滴灌的要求，因此，要修建一些配套的引水、蓄水或提水工程，即为水源工程。水源工程一般是指：为从水源取水进行滴灌而修建的拦水、引水、蓄水、提水和沉淀工程，以及相应的输水配电工程。

（2）首部枢纽工程 主要由动力机、水泵、施肥装置、过滤设施和安全保护及其测量控制设备，如控制阀门、进（排）气阀、压力表、流量计等组成，其作用是从水源中取水加压，并注入肥料（或农药等）经过滤后按时、按量输送到输配水管网中去，并通过压力表、流量计等测量设备监测系统情况，承担整个系统的驱动、监测和调控任务，是全系统的控制调配中枢。

（3）输配水管网（输配水管道） 输配水管网的作用是将首部枢纽处理过的水、肥按照计划要求输送、分配到每个滴水、施肥单元和灌水器（滴灌带、滴头），滴灌施肥系统的输配水管道一般由干管、支管和毛管等三级管道组成，毛管是滴灌系统末级管道，其中安装灌水器，即滴灌带、滴头。滴灌系统中直径小于或等于63mm的管道，一般用聚乙烯（PE）管材，大于63mm的一般用聚氯乙烯（PVC）管材。田间灌溉系统分为支管和辅管两种灌溉系统：①支管灌溉系统："干管＋支管＋毛管"；②辅管灌溉系统："干管＋支管＋辅管＋毛管"。

（4）灌水器 它是滴灌系统的核心部件，灌水器是通过流道或孔口（孔眼）将毛管中的压力水变成水滴或细流的装置，其要求工作压力为50～100kPa，流量为1.0～12L/h，流经各级管道进入毛管，经过滴头流道的消能及调解作用，均匀、稳定地滴入土壤作物根层，以一个恒定的低流量滴出或渗出以后，在土壤中向四周扩散，满足作物对水肥的需求。滴头是滴灌系统中最重要的设备，其性能、质量的好坏直接影响滴灌施肥系统的可靠性及滴水、施肥的优劣。

77. 如何选择水肥一体化的灌溉水源？

滴灌滴头和管道在日常使用中经常造成堵塞，除了部分使用者专业技能不到位和日常养护不当外，其主要原因多为对灌溉水源水质的要求不严格。长期使用劣质水源进行滴灌灌溉，不仅会造成滴灌滴头和管道的堵塞，使滴灌系统不能正常运转，还会造成农田土壤土质恶化，肥力降低，导致农作物质量和产量低下，威胁国家粮食安全及人类健康。标准的滴灌灌溉水源水质应符合以下几点要求：

（1）水温 灌溉水的水温不能过高也不能过低。据统计，一般农作物正常生长的适宜水温为 16～30℃，所以灌溉水温要基本符合这个要求，过高或过低对农作物的生长都有影响。

（2）水体杂质 如果水体中泥沙、杂草、悬浮物及化学沉淀物等过多，会直接导致滴灌管道和滴头堵塞，长期累积会使整个滴灌系统崩溃，造成不必要的经济损失。当水体中悬浮物浓度过高还会造成土壤气孔堵塞，降低土壤通透性，使植物根系难以获得足够的氧气而生长缓慢。通常灌溉水进入滴灌系统之前要进行过滤，保证水体清澈，以避免上述问题的发生。

（3）水体 pH 一般农业生产中灌溉用水的 pH 范围要控制在 5.5～8.5。由于污染或是地质原因，我国部分地区水体 pH 超标，不能直接用于农田灌溉，需要进行调节，使其达到农业生产允许的范围方可使用，否则会影响农作物生长，还会对滴灌带和灌水器有损害。

（4）大肠菌群 大肠菌群指标能表示水体受到人类排泄物污染的程度和水质使用的安全程度，国家灌溉水标准规定大肠菌群在每升水中的个数小于 1 万个。

78. 如何选择水肥一体化灌溉首部枢纽的主要设备？

滴灌系统的首部枢纽包括动力机、水泵、变配电设备、施肥药装置、过滤设施和安全保护及测量控制设施。其作用就是从水源取水加压，并加入肥料和农药，经净化处理，担负着整个滴灌系统的加压、供水（肥、药）、过滤、测量和调控任务，是全系统的控制调配中心。

（1）水泵及配套动力机　滴灌系统中常用的动力机主要以电动机为主；滴灌常用的水泵主要有离心泵和潜水泵两种。根据水源及基础设施的条件不同选择相应的灌溉水泵及动力机。水源为地表水，有电条件选择电动机＋离心水泵，无电力条件选择柴油发电机＋电动机＋离心水泵或柴油机＋离心水泵；水源为地下水的选择潜水泵。水泵选型的基本原则：①在设计扬程下，流量满足滴管设计流量要求；②在长期运行过程中，水泵的工作效率要高，而且经常在最高效率点的右侧运行为最好；③便于运行管理。

（2）过滤系统　根据水源及水质的不同选择相应的过滤设备。离心式过滤器的主要作用是滤去水中大颗粒高密度的固体颗粒，为达到应有的水质净化效果，必须保证灌溉系统的流量变化在其工作范围内。砂石过滤器的主要作用滤除水中的有机质、浮游生物以及一些细小颗粒的泥沙。灌溉用水为地表水、水质较好、水泵为离心泵，一般选用无压反冲洗过滤器（安装在吸程管末端）。灌溉用水为地表水且水质较差，一般采用砂石过滤器＋网式过滤器/碟片过滤器。灌溉用水为地下水，一般采用离心过滤器＋网式过滤器/叠片过滤器。

（3）施肥、施药系统　滴灌施肥的效率取决于肥料罐的容量、用水稀释肥料的稀释度、稀释度的精确程度、装置的可移动性以及设备的成本及其控制面积等；化肥及农药注入装置和容器应安装于过滤器前面，以防未溶解的化肥颗粒堵塞滴水器。肥料的注入方式有三种：一种是用小水泵将肥液压入干管；另一种是利用干管上的流量调节阀所造成的压差，使肥液注入干管；第三种是射流注入。常见的将肥料加入滴灌系统的方法可分为重力自压施肥法、泵吸肥法、泵注肥法、旁通罐施肥法、文丘里施肥法、比例施肥法等。

（4）安全保护及测量控制设施　测量设施主要指流量、压力测量仪表，用于首部枢纽和管道中的流量和压力测量。过滤器前后的压力表反应过滤器的堵塞程度。水表用来计量一段时间内管道的水流总量或灌溉水量。选用水表时额定流量大于或接近于设计流量为宜。控制设施一般包括各种阀门，如闸阀、球阀、蝶阀、流量与压力调节装置等，其作用是控制和调节滴灌系统的流量和压力。保护设施用来保证系统在规定压力范围内工作，消除管路中的气阻和真空等，一般有进（排）气阀、安全阀、逆止阀、泄水阀、空气阀等。

79. 如何选择滴灌水肥一体化中首部枢纽的水泵控制系统，用于水利灌溉的变频控制柜有哪些功能及特点？

传统的明渠灌溉，我们采用的是直接启动或者降压启动的普通工频控制柜，在水肥一体化的管道工程中，由于其启动时对电网以及对管道压力冲击大，并且启动后处于工频全速运转状态，无法调节水泵电动机转速，无法改变压力及流量大小，因此在水肥一体化的首部水泵控制中，显然已经无法胜任。我们需要一种能够根据外部需求量来自动进行调节的控制装置，从而使定量泵变成可调节的变量泵。随着变频器技术的日渐完善和普及，变频恒压供水已经成为管道供水恒压控制的主流方式。

变频器是应用变频技术与微电子技术，通过改变电源频率方式来控制交流电动机的电力控制设备。变频器靠内部 IGBT 的开断来调整输出电源的电压和频率，从而来控制电机转速的变化。变频恒压供水控制柜，以变频器为主要驱动元件，辅以人机界面、PLC（或类似主控元件）、低压元器件、仪器仪表、保护元件等组成的一个以按需出力为原则来实现恒压供水为目的的成套控制系统。在功能性上，大大弥补了单个变频器的功能缺失，并使控制系统的灵活性、可操作性以及安全保护性能大大增强。以变频器为核心驱动元件的变频控制柜，设计遵循按需出力的原则，电气控制系统随时监测管道压力，并随时自动调节水泵的转速以及水泵的数量，来达到按需出水的目的。滴灌时需要设置好管道压力，设置的给定压力值就是给机器下的命令，这和在家里使用变频空调前先设定好我们需要的温度是一样的道理。水泵启动后，如果田间用水量增大，管道出口压力降低，小于给定的目标值，控制柜就会驱动水泵增加转速，用水量减少，反馈压力上升，水泵则会降低转速。田间用水量的变化反映在水泵转速的变化以及水泵数量的变化上，并且每时每刻都在自动调节。

以变频器驱动水泵电机的方式具有如下优点：①软启软停，对电网及管道阀门无冲击、无水锤，水泵及电机工作平稳、寿命长。②恒定压力，按需出力，节水节电。③电压适应范围较宽，同时可改善功率因数。④变频器本身具有完善的保护功能，电机不易损坏。⑤通过无级调速，随时追踪需求量的变化，来实时调节水泵电机转速的变化，使 PID 恒压闭环控制成为成熟的方案。

一款用于水肥一体化首部枢纽的水泵变频控制柜，究竟应该有哪些功能和特点，才能适合我们的农业水利灌溉呢？应该归结为三大特点：易用、好用、耐用。①易用：直观的状态显示，仪表齐全，动作指示明确。全中文显示屏幕，直观显示当前管道压力、设定压力、提示状态及故障信息；适合农村的简单操作，只需要操作每个泵的旋钮开关到自动即可。傻瓜式压力调节，两键加减式调节压力给定值大小。无关参数一律不准进入，无需操作变频器自带的键盘，无误操作隐患。②好用：控制柜好用必须具备强大而完善的功能，是为了更稳定地运行及更简单地操作。针对农村的使用环境，水泵变频控制柜需设置完善的过流、过压、过热、缺相及相序保护、防雷击浪涌保护、接触器机械互锁、传感器断线保护及信号隔离保护功能等多项保护措施。在任何不同的应用场合和使用状态下，均能胜任各种需求。③耐用：需要成熟可靠的电路设计，站在用户角度，考虑全面、周到细致的控制软件，严格筛选的各个优质元器件，以及严谨细致、一丝不苟的生产工艺和检验流程。同时需要与时俱进、不断优化改进升级的理念。

一个好的首部水泵的恒压变频控制柜，应具备以下功能：①恒定压力的功能：运用 PID 自动调节技术进行恒压控制，根据需求量的变化自动调节转速以及水泵数量使压力恒定。水泵电机的转速随着田间用水量变化而变化，无超压现象。②在多泵的场合，实现多泵加减泵以及变工频切换的逻辑控制，实现一用一备、互为备用，多泵协同工作，自动加减泵，并且互不影响的操作。③每个泵均可实现软启软停功能。④当变频泵被人为关掉，自动把剩下的工频泵换成变频启动。⑤自动换泵功能，当使用中的水泵因为某些原因过载导致变频报警时，系统会自动换一台水泵再次启动，并给出异常提示。⑥压力逐步提升功能。⑦休眠功能（保压停机），当外部出水量减少到某一状态，可实现休眠停机，压力下降到某一阈值时，系统自动启动。⑧隐藏式手动功能，防止误开手动不能控制压力，手动仅为应急备用。⑨与首部枢纽中其他设备，比如自动过滤设备、施肥设备、电磁阀灌溉控制器、物联网终端采集模块等设备进行信号交换，实现联动、互锁等功能。

80. 水肥一体化中常见的过滤器有哪些？

滴灌系统过滤器的主要类型有：离心过滤器、砂石过滤器、叠片式过滤器和网式过滤器四种，这四种过滤器除离心过滤器不能独立应用以外，其他三种可独立也可组合搭配成过滤系统。

（1）离心过滤器　利用离心力加沉降原理把微灌水源水中含有的砂石固体颗粒分离出来，使水质得到初步净化。在工业生产中，离心过滤器用来对颗粒分级、浓缩和脱泥沙，而在农业微灌中主要是脱泥沙应用，由于其结构简单，本身没运动部件，在合理的设计使用条件下有一定的分离效果（图 5-1）。

（2）砂石过滤器　又称石英砂过滤器、砂滤器，它是通过均质等粒径石英砂形成砂床作为过滤载体进行立体深层过滤的过滤器，常用于初级过滤（图 5-2）。

（3）叠片式过滤器　也有叫作盘式过滤器，它是由一组双面带不同方向沟槽的塑料盘片相叠加构成，其相邻面上的沟槽棱边便形

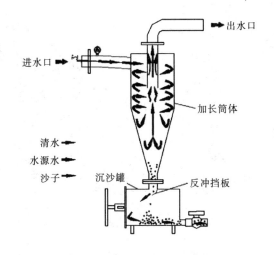

图 5-1 离心过滤器工作原理

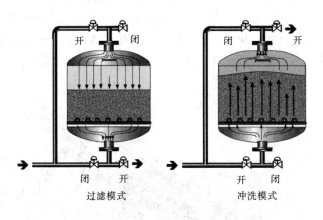

图 5-2 砂石过滤器工作原理

成许许多多的交叉点，这些交叉点构成了大量的空腔和不规则的通路，这些通路由外向里不断缩小。过滤时，这些通路导致水的紊流，最终促使水中的杂质被拦截在各个交叉点上，形成了无数道杂质颗粒无法通过的网孔，层叠起来的叠片组成一个过滤体（图 5-3）。

（4）网式过滤 它是一种非常传统也是应用最广泛的过滤器，

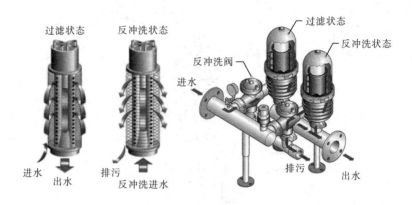

图 5-3 叠片式过滤器工作原理

用丝、条、棒或板通过编织、焊接、打孔和烧结等加工工艺，加工成以一定精度的孔、缝隙来过滤的过滤介质体，常见的有编织网、楔形金属丝网、激光打孔网和烧结板网等。这类过滤介质体又通过不同的工艺加工成板框式、筒体式、锥体式等形式，配合固定滤网的壳体、密封组件或加有清洗装置而成网式过滤器（图 5-4）。

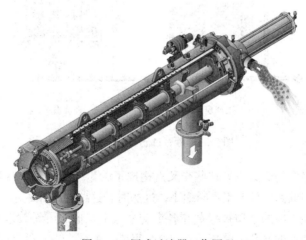

图 5-4 网式过滤器工作原理

81. 现有过滤器及其组合的适用范围有哪些？

在滴灌工程设计中，对水的过滤常见的过滤器主要有砂石过滤器、叠片过滤和网式过滤器三种，这三种既可以独立也可以组合过滤，目的是使过滤后的水体中悬浮杂质小于滴灌系统要求的粒径，不至于堵塞末端灌水装置即可。

（1）砂石过滤器　又称石英砂过滤器、砂滤器，它是通过均质等粒径石英砂形成砂床作为过滤载体进行立体深层过滤的过滤器，常用于初级过滤。砂石过滤器在滴灌系统中绝大部分是按压力式过滤器设计使用，以砂层厚度来分，高于700mm深度为普通压力式过滤器、低于700mm（在500mm左右）厚度的称为浅层砂滤，但仍属于深层精密过滤范畴，主要依赖深层吸附，表面过滤占比过大的状态下容易引起较大压差变化并且易造成穿透。砂石过滤器适用于处理以有机物为主的滴灌用水，如地表水，它在运行中相对的压力损失大，在滴灌中一定要配合其他过滤器，如网式或叠式过滤器作两级使用，防止滤层穿透和滤层短路。砂石过滤器有手动清洗和全自动自清洗控制方式，在滴灌中一般不推荐用手动清洗，主要是这类过滤器操作要求高，需要专业人员控制，比较难保证过滤器的良好运行。另外，在与网式过滤器或叠式过滤器组合使用时要非常重视这些配套过滤器的质量，一旦砂石过滤器有穿透发生，最后只能依靠后一级的过滤，不然杂质进入灌溉系统会引起灌水不均，严重的会造成滴头堵塞不能灌水。

（2）离心＋网式或离心＋叠片式过滤器　离心＋网式或离心＋叠片式过滤器其实就是离心分离器（也叫旋流分离器）配上网式或叠片式过滤器的组合。离心分离器是利用离心力加沉降原理把微灌水源水中含有的砂石固体颗粒分离出来，使水质得到初步净化。在工业生产中，离心分离器用来对颗粒分级、浓缩和脱泥沙，而在农业微灌中主要取脱泥沙应用，由于其结构简单，本身没运动部件，合理的设计使用条件下有一定的分离效果，配合后面的网式或叠式过滤器可以满足滴灌水质的要求而得到应用，常被推荐处理以井水作灌溉水源的微灌系统，主要处理泥沙等无机物。滴灌离心分离器一般有 3～7m 的水阻，水阻越大分离效果越好，对水体流速也有一定要求，流速高分离效果相对高，但太高的流速又容易出现颗粒对壳体的磨损，而未能分离出来随水流到后面的泥沙只能依赖于网式过滤器或叠片过滤器的过滤，同前面的砂石＋网式或叠片式一样，这两种配套过滤器一定要可靠性高才能得到良好的使用。离心＋网式或离心＋叠片式过滤器，目前用自动控制的不多，绝大部是采用手动排沙和人工清洗，使用一些时间后需要人工排沙和清洗滤网或叠片。操作便利性和可靠性不算高。

（3）叠片式过滤器　叠片式过滤器也有叫盘式过滤器，它是由一组双面带不同方向沟槽的塑料盘片相叠加构成，其相邻面上的沟槽棱边便形成许许多多的交叉点，这些交叉点构成了大量的空腔和不规则的通路，这些通路由外向里不断缩小。过滤时，这些通路导致水的紊流，最终促使水中的杂质被拦截在各个交叉点上，形成了无数道杂质颗粒无法通过的滤网，叠片材质为优质工程塑料，耐磨性极高。由于这些很多盘片叠加而成滤芯，过滤状态时必须压紧，清洗时需要放松，所以它可归属于变孔隙表层过滤范畴。叠片式过滤器独立单元设计流量不大，一般都是由 2 个以上的过滤单元组成一个系统，更大流量需要更多的单元并联运行，可实现手动清洗和全自动自清洗功能。当这些很多单元并联运行提供大流量时，控制节点增加很多，可靠性故障点也相对增多。目前在小流量系统应用较多。叠片式过滤器在一定系统压力条件下，可以有效过滤绝大部有机物和无机物，关键点是清洗后的叠片复位，如复位不好，过滤精度就没有保证。

（4）网式过滤器　网式过滤是一种非常传统也是应用最广泛的一种过滤器，它用丝、条、棒或板通过编织、焊接、打孔和烧结等加工工艺，加工成以一定精度的孔、缝隙来过滤的过滤介质体，常见的有编织网、楔形金属丝网、激光打孔网和烧结板网等。这类过滤介质体又通过不同的工艺加工成板框式、筒体式、锥体式等形式，配合固定滤网的壳体、密封组件或加有清洗装置而成网式过滤器。从过滤角度看，网式过滤器在一定精度下都能保证过滤水质的精度要求，它利用过滤体的孔径精度和水源水中需要过滤的杂质体用拦截、堆积、桥架等机理实现对水源水的分离，属于表面过滤，理论上大于筛孔的杂质都可以有效拦截。适用于过滤无机物如泥沙、铁锈和大部分有机物，如藻类、胶质体等。但在系统压力的推动下，由于剪切力的作用而导致杂质破碎穿透，主要是有机物类如藻、胶质体等。控制好滤前滤后的压差值就可以保证破碎后的穿透，网式过滤器有手动清洗也有全自动自清洗等控制方式，在微灌系统中一般小流量的手动清洗多，大流量的都选全自动自清洗模式。关键点是压差控制和清洗（再生）效果，效果不好就会引起频繁自清洗，影响出水流量和排污水的浪费，严重的情况下需人工清洗后才能使用。

　　上述四种常见的过滤器有独立使用也有前后级配合使用，原则是滤后水质必须达到滴灌系统要求的精度。不管是手动清洗还是自动清洗，过滤的可靠性一定是第一位。

82. 水肥一体化应用中如何选择过滤器？

　　节水灌溉的水源主要有两种水源，分为地下水和地表水，地下水也就是井水，而地表水为江、河、湖泊、水塘、沟渠等。地表水水源多种多样，来源也不同，所以水质差别非常大。由于井水水源灌溉单一简单，只需要配置离心＋网式，或者离心＋叠片过滤模式就可以。地表水过滤处理是本书讲的重点，地表水作水源的节水灌溉过滤系统，其过滤器选择难度相对大点，主要原因是水源的来源不同，水质变化大，简单配置很容易造成应用时问题很多，另外操作管理难度大，也是应用中反映问题最多的一个环节。

　　对节水灌溉的过滤系统，从使用效果来讲，推荐使用全自动控制形式的过滤系统，人工控制会非常麻烦，也影响使用效果。地表水过滤系统按经验设计时，多数设计为砂石过滤＋网式过滤，或者砂石过滤＋叠片过滤，这两种设计选型基本上能满足节水灌溉的过滤选型和要求，也是最常用的模式。在节水灌溉设计以地表水作水源时有个基础指标，就是水源含悬浮物超过 10mg/L 时，必须采用多级过滤，并且砂石过滤在前，网式或叠片过滤在后。这样设计的主要原因是用二级过滤来分散负荷，由砂滤拦截以有机物为主的悬浮质，当负荷过重、悬浮质粒径过小时，穿透过砂滤的杂质由第二级作保护过滤。当悬浮质杂超过 10mg/L 时必须选用砂石过滤器，而 10mg/L 仅只是个下限指标，没有上限指标，真实的地表水水质 95％以上水质超过这个指标。

是不是这样选取了砂石过滤＋网式或者砂石过滤＋叠片式组成二级过滤就能满足滴灌要求呢？答案当然是否定的。地表水源水体中，有悬浮质的有机物藻类、胶质体，也有微生物和微小泥沙，同时也会有大量的悬移质，悬移质主要是无机物类泥沙。对悬移质处理的方式就引入了沉淀池。沉淀池可作为沉淀、蓄水两用，并且要设计得当，否则起到的作用很小。那么沉淀为一级处理，砂滤作二级过滤，网式或者叠片式过滤作保护过滤，这就是三级过滤水处理模式。

过滤系统合理的设计和良好的应用，最核心的要素是因地制宜、因水适宜。

（1）要了解当地水源的来源和水体中悬浮物的特性，是指用作灌水的水源是什么样的水源，是地下井水，还是地面湖泊、水库水，由于水源不一样，水体中悬浮物特质就会不一样，杂质浓度也会不一样，甚至日照、风向、取水位置都会影响到悬浮杂质的变化。有的有机物多，有的无机物泥沙占多数，所以一定要了解清楚现场水源情况，有针对性地设计配置好过滤系统。

（2）明确灌水器对过滤系统处理水质的要求，是指灌溉设计配置的灌水器，如滴灌带、滴灌管，是地埋管还是一年一用迷宫式滴灌带，毛管布设长度、压力变化范畴以及灌水器的流量大小等，这些因素同样决定了过滤系统的选取。对一年一换的迷宫式滴灌带，运行流量偏大的可以适当降低过滤系统要求。反之地埋管和小流量的滴灌系统一定要在普通过滤要求上再适当提高，给系统预留一定处理能力。

（3）了解各种过滤器正常的运行必要条件，是指设计和应用一套过滤系首先要了解各类过滤器的工作原理和运行条件，才能根据现场水源条件和灌水器要求来设计选用不同的过滤方式组建一个系统。在这两点上了解的原理多，但理解过滤器运行条件的少，比如说砂滤的粒径、过滤介质的深度、运行的压力损耗、反冲洗时的强度、适用的过滤流量等，每一项都会影响到过滤单元的正常运行。又比如网式过滤器和叠片式过滤器最低工作压力，过滤材料和有效过滤面积这些技术指标，都是过滤器运行的基础要素，假若不了解，简单盲目地配置，还希望过滤系统能达到良好应用要求，一定是不可能的。

83. 常用的施肥设备有哪些?

常用的施肥设备主要有压差施肥罐、文丘里施肥器、施肥泵、施肥机等。

（1）压差式施肥罐　压差式施肥罐是田间应用较广泛的施肥设备。在发达国家的果园中随处可见，我国在大棚蔬菜及大田生产中也广泛应用。压差式施肥罐由两根细管（旁通管）与主管道相连接，在主管道上两条细管接点之间设置一个节制阀（球阀或闸阀）以产生一个较小的压力差（1～2m 水压），使一部分水流流入施肥罐，进水管直达罐底，水溶解罐中肥料后，肥料溶液由另一根细管进入主管道，将肥料带到作物根区（图 5-5）。

压差式施肥罐是按数量施肥，开始施肥时流出的肥料浓度高，随着施肥进行，罐中肥料越来越少，浓度越来越稀。罐内养分浓度的变化存在一定的规律，即在相当于 4 倍罐容积的水流过罐体后，90％的肥料已进入灌溉系统（但肥料应在一开始就完全溶解），流入罐内的水量可用罐入口处的流量表来测量。灌溉施肥的时间取决于肥料罐的容积及其流出速率。因为施肥罐的容积是固定的，当需要加快施肥速度时，必须使旁通管的流量增大。此时要把节制阀关得更紧一些。在田间情况下很多时候用固体肥料（肥料量不超过罐体的 1/3），此时肥料被缓慢溶解，但不会影响施肥的速度。在流量压力、肥料用量相同的情况下，不管是直接用固体肥料，还是将其溶解后放入施肥罐，施肥时间基本一致。由于施肥的快慢与经过施肥罐的流量有关，当需要快速施肥时，可以增大施肥罐两端的压差，反之，减小压差。

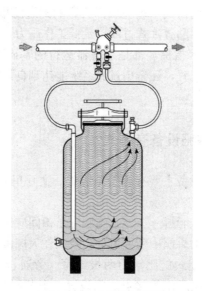

图 5-5　压差式施肥罐

（2）文丘里施肥器　同施肥罐一样，文丘里施肥器在灌溉施肥中也得到广泛的应用。文丘里施肥器可以做到按比例施肥，在灌溉过程中可以保持恒定的养分浓度。水流通过一个由大渐小然后由小渐大的管道时（文丘里管喉部），水流经狭窄部分时流速加大，压力下降，使前后形成压力差，当喉部有一更小管径的入口时，形成负压，将肥料溶液从一敞口肥料罐通过小管径细管吸取上来。文丘里施肥器根据这一原理制成（图 5-6）。

文丘里施肥器用抗腐蚀材料制作，如铜、塑料和不锈钢。现绝

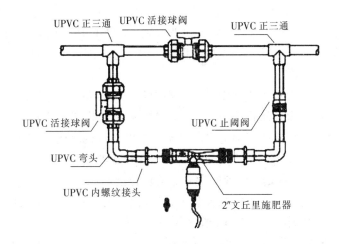

图 5-6　文丘里施肥器

大部分为塑料制造。文丘里施肥器的注入速度取决于产生负压的大小（即所损耗的压力）。损耗的压力受施肥器类型和操作条件的影响，损耗量为原始压力的 10%～75%。选购时要尽量购买压力损耗小的施肥器。由于制造工艺的差异，同样产品不同厂家的压力损耗值相差很大。由于文丘里施肥器会造成较大的压力损耗，通常安装时加装一个小型增压泵。一般厂家均会告知产品的压力损耗，设计时根据相关参数配置加压泵或不加泵。吸肥量受入口压力、压力损耗和吸管直径影响，可通过控制阀和调节器来调整。文丘里施肥器可安装于主管路上（串联安装）或者作为管路的旁通件安装（并联安装）。在温室里，作为旁通件安装的施肥器其水流由一个辅助水泵加压。

　　文丘里施肥器具有显著优点，不需要外部能源，从敞口肥料罐吸取肥料的花费少，吸肥量范围大，操作简单，磨损率低，安装简易，方便移动，适于自动化，养分浓度均匀且抗腐蚀性强。不足之处为压力损失大，吸肥量受压力波动的影响。虽然文丘里施肥器可以按比例施肥，在整个施肥过程中保持恒定浓度供应，但在制定施肥计划时仍然按施肥数量计算。比如一个轮灌区需要多少肥料要事先计算好。如用液体肥料，则将所需体积的液体肥料加到贮肥罐（或桶）中；如用固体肥料，则先将肥料溶解配成母液，再加入贮肥罐，或直接在贮肥罐中配制母液。当一个轮灌区施完肥后，再安排下一个轮灌区。

（3）重力自压式施肥设备　在应用重力滴灌或微喷灌的场合，可以采用重力自压式施肥法。在南方丘陵山地果园或茶园，通常引用高处的山泉水或将山脚水源泵至高处的蓄水池（图 5-7）。通常在水池旁边高于水池液面处建立一个敞口式混肥池，池大小在 0.5～2.0m³，可以是方形或圆形，方便搅拌溶解肥料即可。池底安装肥液流出的管道，出口处安装 PVC 球阀，此管道与蓄水池出水管连接。池内用 20～30cm 长大管径管（如 75mm 或 90mm PVC管），管入口用 100～120 目尼龙网包扎。施肥时先计算好每轮灌区需要的肥料总量，倒入混肥池，加水溶解，或溶解好直接倒入。打开主管道的阀门，开始灌溉。然后打开混肥池的管道，肥液即被主管道的水流稀释带入灌溉系统。通过调节球阀的开关位置，可以控制施肥速度。当蓄水池的液位变化不大时（南方许多情况下一边滴灌一边抽水至水池），施肥的速度可以相当稳定，保持恒定养分浓度。施肥结束时，需继续灌溉一段时间，冲洗管道。通常混肥池用水泥建造，坚固耐用，造价低。也可直接用塑料桶作混肥池用。有些用户直接将肥料倒入蓄水池，灌溉时将整池水放干净。由于蓄水池通常体积很大，要彻底放干水很不容易，会残留一些肥液在池

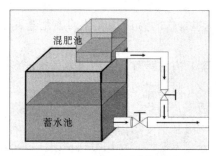

图 5-7　重力自压式施肥池

中，加上池壁清洗困难，也有养分附着，当重新蓄水时，极易滋生藻类、青苔等低等植物，堵塞过滤设备。应用重力自压式灌溉施肥，一定要将混肥池和蓄水池分开，二者不可共用。

静水微重力自压施肥法曾被国外某些公司在我国农村推广，其做法是在棚中心部位将贮水罐架高 80～100cm，将肥料放入开敞的贮水罐中溶解，肥液经过罐中的叠片过滤器过滤后靠水的重力滴入土壤。由于部分推广者用筛网过滤器连接在贮水罐的出水口以替代价格较高的叠片过滤器，过滤器产生的阻力使水重力减小，致使灌水器无法正常出水。在山东省中部蔬菜栽培区，某些农户利用在棚内山墙一侧修建水池替代贮水罐，肥料溶于池中，池的下端设有出水口，利用水重力法灌溉施肥，这种方法水压很小，仅适合于面积小于 $300m^2$ 且纵向长度小于 40m 的大棚采用。

利用自重力施肥由于水压很小（通常在 3m 以内），用常规的过滤方式（如叠片过滤器或筛网过滤器）由于过滤器的堵水作用，往往使灌溉施肥过程无法进行。笔者在重力滴灌系统中用下面的方法解决过滤问题：在蓄水池内出水口处连接一段 1～1.5m 长的 PVC 管，管径为 90mm 或 110mm。在管上钻直径 30～40mm 的圆孔，圆孔数量越多越好，将 120 目的尼龙网缝制成管大小的形状，一端开口，直接套在管上，开口端扎紧。用此方法大大地增加了进水面积，虽然尼龙网也照样堵水，但由于进水面积增加，总的出流量也增加。混肥池内也用同样方法解决过滤问题。当尼龙网变脏时，更换一个新网或洗净后再用。经几年的生产应用，效果很好。由于尼龙网成本低廉，容易购买，用户容易接受和采用。

笔者在多个果园应用重力施肥法，用户普遍反映操作简单、施肥速度快且施肥均匀，节省人工。当蓄水池水源充足时，可以实现按比例施肥。施肥罐等设备安装在田间地头，容易被偷盗，而重力施肥法用的是水泥池，没有偷盗风险且经久耐用。不足之处为施肥装置建在果园或茶园地形最高处，运送肥料稍有不便。

（4）泵吸施肥设备　泵吸施肥法是利用离心泵将肥料溶液吸入管道系统，适合于任何面积的施肥。为防止肥料溶液倒流入水池而污染水源，可在吸水管后面安装逆止阀。通常在吸肥管的入口包上100～120目滤网（不锈钢或尼龙），防止杂质进入管道。该法的优点是不需外加动力，结构简单，操作方便，可用敞口容器盛肥料溶液。施肥时通过调节肥液管上阀门，可以控制施肥速度。缺点是要求水源水位不能低于泵入口10m。施肥时要有人照看，当肥液快完时立即关闭吸肥管上的阀门，否则会吸入空气，影响泵的运行。用该方法施肥操作简单，速度快，设备简易。当水压恒定时，可做到按比例施肥（图5-8）。

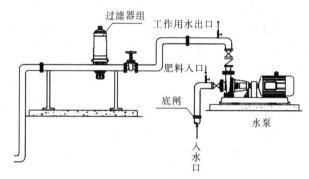

图5-8　泵吸施肥设备

（5）泵注肥法　在有压力管道中施肥要采用泵注入法。打农药常用的柱塞泵或一般水泵均可使用。注入口可以在管道上任何位置。要求注入肥料溶液的压力要大于管道内水流压力。该法注肥速度容易调节，方法简单，操作方便（图5-9）。

图5-9　泵注肥法

84. 如何选择、安装及维护输水管网?

滴灌系统输水管的地下干管、分干管一般采用硬聚氯乙烯(U-PVC)管。

(1)管道安装一般按以下步骤进行

①干管管网铺设前检查。对塑料管规格和尺寸进行复查,管内必须保持清洁,重点检查管材外划擦伤痕问题。检查管材、管件、胶圈、黏结剂的质量是否合格。②管道安装。管材放入沟槽、连接、部分回填、试压、全部回填。

(2)管道安装要求

①管道安装前要认真复测管槽,管槽基坑应符合设计图纸要求。管道安装施工过程中,及时填写施工记录,并按施工内容进行阶段验收,尤其对一些意外情况的处理应及时填写清楚。②施工温度要求:黏结剂黏结不得在5℃以下施工;胶圈连接不得在-10℃以下施工。③管道安装时,如遇地下水或积水,应采取排水措施;管道穿越公路、沟道等处时,应采取加套管、砌筑涵洞;对暴露管线采用防腐蚀处理。④管道安装和铺设中断时,应用木塞或其他盖堵管口使之封闭,防止杂物、动物等进入管道,导致管道堵塞或影响管道卫生。⑤在昼夜温差较大地区,应采用胶圈(柔性)连接,如采用黏结口连接,应采取措施防止因温差产生的应力破坏管道接口。管道不得铺设在冻土上,冬季施工应清完沟底(未有冻层)后及时安装并回填,防止在铺设管道和管道试压过程中沟底冻结。⑥塑料管承插连接时,承插口与密封圈规格应匹配,管道放入沟槽时,扩口应在水流的上游。⑦管道若在地面连接好后放入沟槽则要求:管径口径小于160mm;柔性连接(黏结管道放入沟槽必须固化后保证不移动黏结部位);沟槽浅;靠管材的弯曲转弯;安装直管无节点。⑧管道在铺设过程中可以有适当的弯曲,可利用管材的弯曲转弯,但幅度不能过大,曲率半径不得小于管径的300倍,并应浇筑固定管道弧度的混凝土或砖砌固定支墩。当管道坡度大于

1∶6时应浇筑防止管道下滑的混凝土防滑墩。⑨在干管与支管连接处设置闸阀井，在干管的末端设置排水井。⑩管道上的三通、四通、弯头、异径接头和闸阀处均不应设在冻土上，如无条件采取措施保证支墩的稳定，支墩与管道之间应设塑料或橡胶垫片，以防止管道的破坏。

（3）管道安装方法　硬聚氯乙烯管道安装主要有两种方式，一种是承插式，一种是黏结方式。

承插式管安装步骤：①在铺设管道前要对管材、管件、橡胶圈等进行外观检查，不得使用有问题的管材、管件、橡胶圈。②管道穿越公路时应设钢盘混凝土套管，套管直径不小于硬聚乙烯管道直径60mm。③清除承接口的污物。④将橡胶圈正确安装在管道承接口的胶圈槽内，橡胶圈不得装反或扭曲。⑤用塞尺顺承插口量好插入的长度。⑥在插口上涂上润滑剂。⑦用紧绳器将管插口一次性插入到规定尺寸。⑧插进以后，用塞尺检查胶圈安装是否正常。

图 5-10　胶圈安装

黏结管道安装步骤（图 5-11）：① 管道切割。将管道按要求长度垂直切开，将断口毛刺和毛边去掉。②确定插入深度。③胶黏剂涂抹。④插入连接。⑤保持固化。

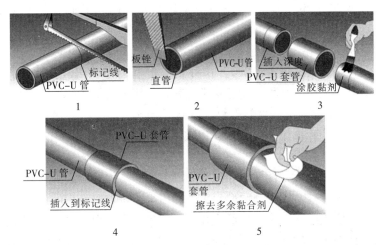

图 5-11　PVC 管胶黏连接示意

1. 管道切割　2. 接口清理　3. 胶黏剂涂抹　4. 插入连接　5. 保持固化

出地管安装步骤：①根据图纸确定出地管的位置。②在干管上黏结三通，将出地管黏结在三通上。③出地管另一端黏结法兰盘。④将预制的铁质给水栓与出地管用法兰连接。

85. 滴灌灌水器类型有哪些？

灌水器是滴灌系统中的重要设备元件，它保证实现点滴灌水。滴头好坏直接影响灌溉质量，滴头需要的数量相当多。国内外灌水器的种类繁多，根据灌水器的结构与出流形式，灌水器通常分为滴头和滴灌管（带）两大类。

1. 滴头

通过流道或孔口将毛管中的压力水流变成滴状或细流状的装置称为滴头。滴头分类方式很多，一般有以下三类：

（1）按滴头与毛管的连接方式

①管上式滴头（竖装）：结构与管间滴头基本相同，只是另一

端封闭，螺纹芯子可拧出拧入，以便冲洗或调节流量。螺纹长的，流量为 7.5L/h；螺纹短的，流量可达 9.5L/h。②管间式滴头（卧装）：我国制造的管间滴头，其流道宽度为 0.75～0.9mm，长度为50～60cm，在 1 个标准大气压下，额定出水流量为 2～3L/h。③内镶式滴头（螺旋形滴头）：这种滴头由直径为 1mm 的聚丙烯小管卷成螺旋形，又称为发丝滴头，其工作压力为 0.7kg/cm²，流量为0.9～9L/h，改变螺旋圈数，可调节流量。

（2）按滴头流态分类　紊流式滴头和层流式滴头（多孔毛管、双腔管、微管）。

（3）按水力补偿性能　滴头又可分为非压力补偿滴头与压力补偿型滴头两种。压力补偿型滴头是利用水流压力对滴头内弹性体的作用，使流道（或孔口）形状改变或过水断面面积发生变化，即当压力减小时，增大过水断面面积，压力增大时，减小过水断面面积，从而使滴头流量自动保持在一个变化幅度很小的范围内。非压力补偿滴头是利用滴头内的固定水流流道消能，其流量随压力的升高而增大。非压力补偿滴头按其消能原理又可分为以下几种：①长流道滴头：长流道型滴头是靠水流与流道壁之间的摩擦阻力消能来调节流量大小的，如塑料微管滴头、螺纹滴头和迷宫滴头等。②孔口式滴头：在输水管上打孔进行灌溉是利用小的出水孔控制出水量，达到局部灌溉的目的。孔口式滴头的另一种形式是涡流型滴头。③可调型滴头：可调型滴头通常带有便于人工操作的手柄或螺杆以改变孔口尺寸，达到调节流量的目的。

2. 滴灌管（带）

将滴头与毛管制造成一个整体，兼具配水和滴水功能的管（带）称为滴灌管（带）。滴灌管（带）的直径为 8～40mm，使用最多的是 16mm 和 20mm 两种，滴灌管厚度为 0.15～2mm，1mm以下的使用量最大。滴灌管（带）根据其所用灌水器类型也有非压力补偿式滴灌管（带）与压力补偿式滴灌管（带）两种。目前国内外应用较广泛的滴灌管（带）主要有内镶式迷宫滴灌管和薄壁滴灌带。①内镶式迷宫滴灌管：在毛管制造过程中，将预先制造好的滴头镶嵌在毛管内的滴灌管称为内镶式滴灌管，内镶滴头有两种，一种是片式，另一种是管式。②薄壁滴灌带，是一种厚 0.1～0.6mm 的薄壁塑料带，充水时胀满管形，泄水时为带状，运输、储藏都十分方便。目前的薄壁滴灌带有两种：一种是在 0.2～1.0mm 厚的薄壁软管上按一定间距打孔，灌溉水由孔口喷出湿润土壤；另一种是在壁管的一侧热合出各种形状的流道，灌溉水通过流道以滴流的形式湿润土壤，如单侧压边迷宫式滴管带。

滴灌管与薄壁滴灌带相比，寿命较长，价格较贵；按滴头相比，价格较低，寿命较短，但安装方便。薄壁滴灌带的优势在于滴头压注成型，精度高、偏差小，其管壁薄、成本低，便于运输和铺设。

3. 灌水器设计大致分为 4 个步骤

①根据地形与土壤条件大致挑选最能满足湿润区所需灌水器的大致类型；②挑选能满足所需要的流量、间距和其他规划考虑因素的具体灌水器；③确定所需的灌水器的平均流量和压力水头；④确定要达到理想灌水均匀度时灌溉单元小区的容许压力水头变化。

86. 非灌溉季节水肥一体化系统如何维护？

在进行维护时，关闭水泵，开启与主管道相连的注肥口和驱动注肥系统的进水口，排去压力。

（1）若施肥器是注肥泵并配有塑料肥料罐　先用清水洗净肥料罐，打开罐盖晾干。再用清水冲净注肥泵，按照相关说明拆开注肥泵，取出注肥泵驱动活塞，用润滑油进行正常的润滑保养，然后拭干各部件后重新组装好。

（2）使用注肥罐　请仔细清洗罐内残液并晾干，然后将罐体上的软管取下并用清水洗净置于罐体内保存。每年在施肥罐的顶盖及手柄螺纹处涂上防锈油，若罐体表面的金属镀层有损坏，立即清锈后重新喷涂。注意不要丢失各个连接部件。

87. 喷灌水肥一体化系统有哪几部分组成？

喷灌水肥一体化系统通常由水源、加压设备、管道系统和喷头4部分组成。

（1）水源　喷灌系统与滴灌系统一样，但喷灌水源除必须满足水量、水质的要求以外，还必须满足喷头的工作压力，当喷灌水源高于灌区，并有足够的压力差时，可利用自然水头，进行自压喷灌。

（2）首部枢纽设备　这部分与滴灌系统一样，主要有动力机、水泵、施肥装置。喷灌系统常用水泵有离心泵、自吸离心泵、深井潜水泵等。动力机有电动机、柴油机、汽油机等，也常用手扶拖拉机或拖拉机代替。

（3）管道系统　喷灌输水系统与滴灌系统类似，包括管道和管件，但较滴灌系多了竖管。管道一般有干管、分干管和支管三级，小型工程一般干管和支管两级。为避免作物影响喷头的喷洒，常在支管上装竖管再接喷头，长度一般为0.5～2.5m。

（4）喷头　喷头是喷灌的专用设备，是喷灌系统的重要部件，其作用是将有压力的集中水流，通过喷头孔嘴喷洒出去，在空气或粉碎装置的阻力作用下，将水分散成细小的水滴，均匀地喷洒在田间。

将喷头、水泵、动力、输水管道以及行走等设备连成一个可移动的整体，称为喷灌机组或喷灌机。

88. 什么是滴灌自动化控制？

自动控制是相对人工控制概念而言的。自动控制是指在没有人直接参与的情况下，利用外加的设备或装置，使机器、设备或生产过程的某个工作状态或参数自动地按照预定的规律运行。滴灌自动化控制是指将自动控制与滴灌系统有机地结合起来，使得滴灌系统在无人干预的情况下通过控制器按照既定的程序或者指令自动进行灌溉。自动控制滴灌系统就是不需要人的控制，系统能自动感测到什么时候需要灌溉，灌溉多长时间；系统可以自动开启灌溉，也可以自动关闭灌溉；系统可以根据植物和土壤种类、光照数量来优化用水量，还可以在雨后监控土壤的湿度，可以实现土壤太干时增大灌量，太湿时减少灌量。滴灌自动化系统是由水源、首部控制装置、测量仪表、输配水管网、中央监控计算机、田间控制站、电磁阀、控制电缆及相关的软件系统组成的一套田间自动化灌溉系统。系统中在灌溉区域没有安装传感器，灌水时间、灌水量和灌溉周期等均是操作人员在系统首部利用电缆线通过灌溉操作触摸屏来控制田间给水栓电磁阀的开启和关闭，操作人员不需要进入田间。对于大面积的自动控制系统，由于距离较远，控制中心和执行机构之间如何更可靠和更经济地实现通信成为了主要问题。在自动控制系统中，从控制中心到执行机构的通讯上，在灌溉领域目前存在着3种自动控制通信方式：第一种为有线（传输电信号）传输；第二种为有线（传输电力信号）传输；第三种为无线（传输无线电信号）传输。由于滴灌自动化的实施是一个较为复杂的过程，目前新疆生产建设兵团棉田滴灌自动化系统的实施情况大体上可归纳为以下三种：一是首部设备的自动控制，包括水泵自动化开启及自动反冲洗；二是田间管网阀门的自动控制；三是田间水分等信息的自动采集与智能决策。

89. 灌溉自动化控制有哪些特点？

（1）提高水资源的利用效率 传统滴灌缺乏自动系统的精确控制，导致大量的水资源浪费，通过自动化的滴灌，可以根据农田的基本情况，判断是否处于真实的缺水状态，进而为农田提供精确的滴灌。例如，利用滴灌自动化中的仪器，可以检测农田土壤的实际水分情况，相比较传统滴灌来说，具备较强的科学性，能有效反映农田的实际需水情况，最主要的是避免管理者根据自身经验判断农田土壤情况，在很大程度上，节约水资源。

（2）大量减轻农田的作业强度　滴灌自动化取代传统大规模的灌溉系统，有效降低滴灌的工作强度，管理者通过计算机操作系统，即可针对农田的滴灌实行有针对性的操作，避免田间操作，可减轻田间劳动的负担。

（3）有效提升农田肥料的效率　通过滴灌自动化，能够将化肥融化在水流中，通过水流均匀地流入土壤，借助相关的仪器，检测化肥在土壤中的融合性以及作物的吸收程度。

（4）为农田作物提供优质的生长环境　在滴灌自动化的支持下，管理者不需要进入田间工作，其可在控制室内实现各类仪器的操作，保障农田作物的生长环境，由此可以将农田建设成相对比较密闭的环境：①可以减少人为因素对农田造成外力破坏；②还可以避免病虫害的传播，实时做好隔离措施。

90. **常用自动化灌溉有哪几个大类？**

目前常用的自动控制系统可分为时序控制灌溉系统、ET智能灌溉系统、中央计算机控制灌溉系统三大类。

（1）时序控制灌溉系统　时序控制灌溉系统将灌水开始时间、灌水延续时间和灌水周期作为控制参量，实现整个系统的自动灌水。其基本组成包括：控制器、电磁阀，还可选配土壤水分传感器、降雨传感器及霜冻传感器等设备。其中控制器是系统的核心。灌溉管理人员可根据需要将灌水开始时间、灌水延续时间、灌水周期等设置到控制器的程序当中，控制器通过电缆向电磁阀发出信号，开启或关闭灌溉系统。控制器的种类很多，可分为机电式、混合电路式、交流电源式和直流电池操作式等。其容量有大有小，最小的控制器只控制单个电磁阀，而最大的控制器可控制上百个电磁阀。电磁阀一般为24V交流电隔膜阀，通过电缆与控制器相连。电磁阀启闭时有一定时间的延迟，这一特性可有效防止管网中的水击现象，保护系统安全。目前国内的自动控制灌溉系统，基本上均为时序控制灌溉系统。

（2）ET智能灌溉系统 ET智能灌溉系统将与植物需水量相关的气象参量（温度、相对湿度、降水量、辐射、风速等）通过单向传输的方式，自动将气象信息转化成数字信息传递给时序控制器。使用时只需将每个站点的信息（坡度、作物种类、土壤类型、喷头种类等）设定完毕，无需对控制器设定开启、运行、关闭时间，整个系统将根据当地的气象条件、土壤特性、作物类别等不同情况，实现自动化精确灌溉。

（3）中央计算机控制灌溉系统 中央计算机控制灌溉系统将与植物需水相关的气象参量（温度、相对湿度、降水量、辐射、风速等）通过自动电子气象站反馈到中央计算机，计算机会自动决策当天所需灌水量，并通知相关的执行设备，开启或关闭某个子灌溉系统。在中央计算机控制灌溉系统中，上述时序控制灌溉系统可作为子系统。

91. 自动化灌溉有哪些工作流程？

自动化灌溉系统的工作流程：①信息采集：田间气象站、土壤墒情监测站将数据及作物长势无线视频监控数据发送给无线灌溉控制器（即无线网关："云"平台和监控管理中心收发所有管理信息的中转站）后，网关进行信息整合，再发布给"云"平台和监控管理中心。②信息处理：登陆"云"平台后我们可以对采集的各项数据信息进行处理、分析。③信息发布：若分析结果为田间作物补充灌溉，我们就可以通过控制平台下发开井、开阀命令到无线网关，当井及阀门执行命令完毕，会通过网关将完成命令及工作状态发到平台上（用来监测操作是否成功）。④信息反馈：在灌溉过程中，土壤墒情监测站及田间气象站通过网关将数据实时传输在"云"平台上，当平台数据值达到预期，我们就可以通过"云"平台下达调整轮灌组或者停止灌溉指令。

92. 滴灌系统常见故障有哪些及排除方法？

（1）故障部位——潜水泵

①水泵不出水或出水不足：解决办法——清除堵塞物；调换电源线；改变电机转向；更换新的密封环、叶轮。②电机不能启动并有嗡嗡声：解决办法——修复和更换轴；清除异物；调整电压。③电流过大和电流表指针摆动：解决办法——更换导轴承；修复和更换水泵轴承；更换止推轴承和推力盘。④电机绕阻对地绝缘电阻低：解决办法——拆除旧绕阻换新绕阻；修补接头和电缆。⑤机组转动剧烈振动：解决办法——打开检修。

（2）故障部位——离心泵

①水泵不出水、水泵流量不足：解决办法——检查去除阻塞物，"调正电机方向紧固电机接线"，打开泵上盖或打开排气阀，排尽空气。②杂音、振动：解决办法——焊补或更换，修整，紧固；停机清洗水泵，必要时用筛网将水泵罩住；稳固管路，提高吸入压力排气，降低真空度。③电机发热、功率过大：解决办法——稳压，更换叶轮；调节流量，关小出口阀门，降低吸程，更换轴承。④水泵漏水、压力小：解决办法——检查管网，关闭超开球阀，处理漏水球阀，更换漏水毛管。

（3）故障部位——管网系统

①压力不平衡：解决办法——通过调整出地管闸阀开关直至平衡，检查管网，反冲洗过滤器。②滴头流量不均匀，个别滴头流量减少：解决办法——调整系统压力，滴水前或结束时冲洗管网，排除堵塞杂质，分段检查，更换破损管道（件）。③毛管首末端漏水：解决办法——调整压力，使毛管首端小于设计工作压力（一般为 0.1 MPa）。④毛管边缝渗水或毛管爆裂：解决办法——更换破损毛管。⑤系统面积有积水：解决办法——测定土质成分与流量，分析原因，缩短灌水延续时间。⑥膜下滴灌带被阳光灼伤（有膜上黏附的小水珠形成凸透镜的效力，在强烈的阳光照射下将太阳光的

能量聚焦,将滴灌带熔化烫伤产生小洞):预防方法——铺设滴灌带时要保持地面平整,防止土块、杂草等物将地膜托起后造成水汽在地膜内积水,形成透镜效应;铺设时可将滴灌带进行浅埋,避免焦点灼伤;铺设时,在滴灌带上或地膜上铺上一层厚 1mm 左右的土层,破坏透镜的形成,避免灼伤;作物植株高度的阴影无法遮住滴灌带,日照强烈、气温较高时,发现膜内出现水珠时要及时拍打,或用消防风机轻吹地膜抖脱膜内水珠;使滴灌带尽量贴近地膜,一般滴灌带与地膜的距离在 5mm 左右不会灼伤滴灌带;每次系统运行完后在滴灌带内存留一些水分;使用带彩条的地膜进行覆盖。补救措施——将烫伤的滴灌带剪掉,用直接连接一截新滴灌带,接入管线中;用塑料膜或滴灌带缠绕包扎烫伤部位。

93. 滴灌与喷灌技术的水肥效益有哪些区别?

(1)滴灌与喷灌的水分供应方式不同　滴灌是将一定低压的灌溉水,通过低压输、配水管道,输送到设施内最末级管道以及安装在其上的灌水器,以较小的流量均匀而准确地滴入作物根系所在的土壤层中的灌溉方法,属于局部灌溉。喷灌是用喷头,借助于输、配水管道将灌溉水输送到设施内最末级管道以及其上安装的微喷头,均匀而准确地喷洒在作物的枝叶上或作物根系周围土壤表面的灌溉方法,喷灌可以进行局部灌溉,但主要是进行全面灌溉。

(2)水分分布特征及运移不同　滴灌灌溉水以滴水状或细流状的方式落于土壤表面,在表面形成一个小的饱和区,随着滴水量的增加饱和区逐渐扩大,同时由于重力和毛管力的作用,饱和区的水向各方向扩散,形成一个土壤湿润体并逐渐扩大。滴灌灌水次数多,但湿润的作物根区土壤,湿润深度较浅,而作物行间土壤保持干燥,形成了一个明显的干湿界面特征,因此滴灌条件下作物根区表层(0~30cm)土壤含水量较高,与喷灌相比,大量有效水集中在根部。喷灌时,灌溉水通过喷头以雨滴形式降落到土壤表面,在重力和毛管力的作用下下渗,另外,喷灌灌溉水的水平分布是不均匀的，在喷灌面积内不同位置土壤接受的喷洒水量是不可能完全相等的，这是因为喷灌降落在地面各个位置的水量有差异，因此，喷灌情况下不同位置的土壤水量是不均匀的。

（3）养分分布不同　由于滴灌随水施肥的特点，养分也集中分布在由滴水形成的湿润体内，在土深 50cm 以下养分含量显著降低。喷灌施肥是在压力作用下，将肥料溶液注入灌溉输水管道，通过喷头，将肥液喷洒到作物上；另外，喷灌技术经常与缓控施肥及传统施肥相结合，养分分布呈现多样化。

（4）滴灌较喷灌节水　滴灌与喷灌水分供应方式不同，滴灌时水不在空中运动，不打湿叶面，也没有有效湿润面积以外的土壤表面蒸发，故直接损耗于蒸发的水量最少；容易控制水量，不致产生地面径流和土壤深层渗漏，故可以比喷灌节省水 35%～75%。

94. 什么是涌泉灌溉？

涌泉灌溉又称涌灌。涌泉灌溉是通过安装在毛管上的涌水器形成小股水流，以涌泉方式局部湿润土壤。涌泉灌溉的流量比滴灌和微喷灌大，一般超过土壤的渗吸速度。为防止产生地面径流，在涌泉器附近挖一小水坑暂时储水，涌泉灌可以避免灌水器堵塞，适合于水源较丰富的果园和林地灌溉。其工作原理是：小管出流灌溉是利用 Φ4mm 的小塑料管与毛管连接作为灌水器，以细流（射流）状局部湿润作物附近土壤，小管灌水器的流量为 40～250L/h。对于高大果树通常在围绕树干修一渗水小沟，以分散水流，均匀湿润果树周围土壤。在国内称这种微灌技术为小管出流灌溉，小管出流田间灌水系统包括干管、支管、毛管、小管灌水器及渗水沟。

95. 什么是潮汐灌溉？

潮汐式灌溉系统是基于潮水涨落原理而设计的一种高效节水灌溉系统，它适用于各类盆栽植物的种植和管理，可有效提高水资源和营养液的利用效率。潮汐式灌溉主要分为两类，地面式和植床式。地面式潮汐灌溉系统是在地表砌一个可蓄水的苗盘装水池，在其中分布若干出水孔和回水孔；植床式潮汐灌溉系统则是在苗床上搭建出一层大面积的蓄水苗盘，在苗盘上预留了出水和回水孔。在应用时，灌溉水或配比好的营养液由出水孔漫出，使整个苗床中的水位缓慢上升并达到合适的液位高度（称为涨潮），将栽培床淹没2~3cm的深度；在保持一定时间（作物根系充分吸收）后，10~15min后，营养液因毛细作用而上升至盆中介质的表面，此时，打开回水口，将营养液排出，回营养液池（称为落潮），待另一栽培床需水时再将营养液送出。潮汐灌溉系统具有调整营养液 pH 和各种养分浓度的设备，避免营养液过度污浊而增加介质的过滤系统和消毒系统。植床潮汐灌溉系统都必须使用架高的特制栽培床，所以，相对应的设备费用也较高。

潮汐灌溉是一项成熟的农业灌溉技术，在发达国家得到了广泛的利用，很好地解决了灌溉与供氧的矛盾，且灌溉基本不破坏基质的"三相"构成，是一项高效高能的农业技术，在我国也正处于广泛利用的发展阶段。潮汐灌溉系统具有以下特点：①节水高效，完全封闭的系统循环，可以达到 90%的利用率；②植物生长速度更快，每周苗龄可比传统育苗方式提前 1d，提高设施利用率；③避免植物叶面产生水膜，使叶片接受更多的光照进行光合作用，促使蒸腾拉力从根部吸收更多的营养元素；④稳定的根部介质水汽含量，避免毛细根因靠近容器边部及底部干旱而死；⑤相对湿度容易控制，保持叶面干燥，减少化学药物的使用量；⑥植床下无杂草生长，减少了菌类滋生，因为植床下非常干燥。

第六章　农机农艺融合中的水肥一体化

96. 农艺技术如何与水肥一体化相融合？

作物的生长发育及产品器官的形成，一方面取决于植物本身的遗传特性，另一方面取决于外界环境（也称为作物的生长因素或者生活因子）。主要的生长因素包括：温度（空气温度及土壤温度）、光照（光的组成、光照度、光周期）、水分（空气湿度和土壤湿度）、土壤（土壤肥力、化学组成、物理性质及土壤溶液等）、空气（大气及土壤空气中的氧气和二氧化碳含量及有毒气体含量等）。就农作物而言，各项环境因子对作物的生长发育是缺一不可的，它们对生物的作用是综合的，而这种综合作用的各种因子在不同的条件下所处的地位及所起作用的本质各不相同。水肥一体化条件下，水分和养分不再是作物生长发育的限制因子，因此通过农艺措施调整与水肥一体化技术发展相适应显得尤为重要。

（1）品种选择是关键　选对品种是关键，因为在农业生产要素中，品种是最为先决、最为关键、最为核心的生产要素。品种的好坏（高、稳、抗）关键看稳产性和抗逆性。水肥一体化技术是根据作物的水肥需求规律直接按时按量地将水分和养分施入作物根部，因此水肥不再成为作物生长发育的限制因子，根据作物的杂种优势理论和群体优势理论，只有较大的群体，才能有较大的光合叶面积，叶面积越大才能有更多的太阳能转化为生物能，形成生物产量。因此，水肥一体化条件下种植紧凑耐密型品种将发挥更大优势。

（2）株行距调整是手段　与常规灌溉和施肥方式相比，滴灌施肥作物根区表层（0～30cm）土壤含水量较高，大量有效水集中在滴头周围。由于滴灌随水施肥的特点，养分也集中分布在滴水形成的湿润体内，在土深50cm以下养分含量显著降低，由于根系生长的向水、向肥的特点，其集中分布在土壤表层。根系是作物获得养分和水分的重要营养器官，根系生长发育的状况直接影响着植株地上部的产量和品质。作物的株行配置方式影响其根系，进而影响到地上部生长发育。目前滴灌作物的宽窄行栽培逐步取代了传统的等行栽培，形成了玉米"不等行进行播种，宽行宽度为60～90cm，窄行宽度为20～40cm，窄行中间用于铺设滴灌带"和小麦"春小麦不等行的方式播种，1管4行（20cm＋13.3cm＋13.3cm＋13.3cm）或者5行（16.5cm＋14.5cm＋14.5cm＋14.5cm＋14.5cm），两行中间用于铺设滴灌带"的栽培模式。宽窄行栽培模式有效地减少了实际灌溉面积，缩短了水肥运移距离，便于作物根系吸收；另外，滴灌作物的株行距调整使得作物根区—灌溉的水区—养分分布区基本重合，有效解决了作物生长过程中的水肥根协调的问题，提高了水肥利用率与作物产量。

（3）实时灌溉与施肥是保障　手工撒施或者撒施后灌水是我国传统施肥的主要施肥方式，"一炮轰"和"秋施肥"也相对普遍。滴灌施肥是根据作物生长各个阶段对养分的需要和土壤养分供给状况，准确将肥料补加和均匀施在作物根系附近，并被根系直接吸收利用的一种施肥方法。滴灌施肥普遍采用"水分养分同时供应、少量多次、养分平衡"的原则。新疆主要粮食作物滴灌施肥一般是从出苗水以后的第一水开始，直至倒数第二水，也有部分农户采用"一水一肥"制，不同时期的肥料施用量多数是根据作物需肥规律采取"中间多，两头少"的方法来进行分配和确定。实时灌溉和施肥可根据作物的需水、需肥规律适时、适量地持续供应作物生长所需的水分和养分，降低了田间蒸发、氮素气态损失和养分的土壤固定，有效地提高了水肥的效率；同时水肥实时供应，解决了作物生长中后期的脱肥脱水造成的早衰问题，能保证干物质积累及其分配的协调性，为高产打下物质基础，提高了作物产量。

（4）化学调控是依托 应用化学调控技术可调节作物生长发育、改变冠层结构、增强光合作用等。随着国内外对生长素、脱落酸、乙烯、细胞分裂素、赤霉素、油菜素内酯 6 大类植物激素及多胺、赤霉烯酮等生理活性物质的不断应用，加上水肥一体化条件下作物生产条件改善、目标产量提高、品种更新与高新技术的应用及生产管理技术的变革等因素都对作物化控栽培技术提出了新的要求。实现营养生长与生殖生长协调、植株外形修饰与改善内部生理功能同步、塑造理想株型并优化器官建成，调动肥水、品种等一切栽培因素的最大潜力，以获得优质高产。

（5）技术培训与服务是根本 技术培训可以提高农民科学施肥与灌溉意识，普及水肥一体化技术的理念与关键技术。农民是肥料的最终使用者，向他们传授科学施肥与灌溉方法、不同肥料的用途，使他们学会合理搭配使用各种肥料，增长其鉴别肥料的知识和增强使用水肥一体化技术的能力。加强对基层农技人员的技术培训，使他们掌握好科学施用水肥的技术，协助农民了解好各种作物所需水肥的具体情况并将具体用量、时期、方法，帮助落实到条田，搞好技术服务。

97. 铺管铺膜机械有哪些？

目前，采用滴灌技术的大田作物精量播种机械都实现了苗床平整、滴灌带铺设、精量播种、种孔覆土等多项工序的联合作业。常用的滴灌带埋设装置一般由带卷支撑和开沟铺设两部分组成，也有部分机型将二者融为一体。带卷支撑部分用来安装滴灌带带卷，开沟铺设部分完成开沟和滴灌带的铺设。带卷支撑部分的结构通常有一侧支撑和两侧支撑两种形式；带卷支撑部分一般配有带卷夹紧端盖、刹车、导向胶辊等部件。带卷夹紧端盖的主要作用是防止滴灌带从带卷侧面脱落，进而缠绕在带卷安装轴上。刹车主要用来使滴灌带铺设时又有一定的预紧力，并且在铺设完毕时减少由于带卷的惯性作用而使滴灌带过多松弛甚至溢出。导向胶辊对滴灌带起导向作用，防止铺设时滴灌带发生扭曲或反转现象。开沟铺设部分主要有开沟部分和导向铺设部分；开沟部分由各种不同形式的开沟器组成，主要用来开沟；导向铺设部分多为塑料或铁质的圆弧形导向管或底部带有导向块或滚轮的垂直导向管，用于对滴灌带的导向并将其铺设于沟底。以下重点介绍几种常用机型。

（1）气吸式铺膜铺管播种机　该机适合在旱作地区进行滴灌田块铺管、铺膜、精量播种的联合作业可播种棉花、玉米、油葵、甜菜、番茄等多种作物。一次作业可完成种床整形、开膜沟、铺滴灌管、铺地膜、膜边覆土、打孔精播、孔穴盖土、种行镇压等多项播种作业程序。主要工作部件包括：气吸式排种器、铺膜机构、膜上覆土装置、滴灌带铺设机构等。

（2）双膜覆盖精量铺膜铺管播种机　该播种机可一次完成双膜覆盖、铺管、铺膜、精量播种联合作业等9道程序，实施播种作业时可兼顾膜上穴播和膜下穴播，同时促进播后增温保墒。该机的窄行膜铺设装置采取模块设计，既可实施双膜覆盖精量播种，也可进行膜上点播精量播种，并能与中型拖拉机相配套。该播种机具有播种精度高、铺管质量好、结构紧凑、可靠性好、调整方便等特点，此外，该机通用性广，除用于棉花播种外，也适用于玉米、大豆、甜菜、油葵等的精量播种。

98. 滴灌带回收的作业机械有哪些？

随着滴灌技术在大田作物中的大面积应用，滴灌带的用量非常大，是滴灌作业的一项较大投资。滴灌带不及时回收对作物的影响极为严重，势必影响来年的使用，特别是多年使用滴灌带，如果残存在土壤中将会严重影响土壤结构，影响作物生长。滴灌带回收后进行清洗、粉碎、造粒，添加少量的新材料即可以生产出可重复利用的合格滴灌带，实现滴灌带的重复回收利用。这种方法不仅是降低滴灌技术成本、节约资源的重要措施，同时对保护土壤环境具有重要的生态意义。21世纪初，滴灌带的回收主要采用人工回收，劳动强度大，投入人力较多，作业效率低，回收成本高。近年来多家研究和生产单位开展了滴灌带回收机械的研制和应用，大大提高了滴灌带回收效率。目前滴灌带回收机械多是由小型拖拉机牵引进行，下面介绍主要回收机械类型。①折叠式两用机：该机主要由传动地轮、缠绕机构、摆动机构、折叠框架、缠膜杆等组成。结构简单、紧凑，配套动力为大于11kW小四轮拖拉机。工作时人工将小膜或滴灌带系在缠膜杆的塑料上，由右地轮通过链条链轮及无级变速皮带轮，为缠膜部件传递动力，并与前进速度同步。左地轮通过链条链轮为摆动机构传递动力，并通过改变两组链轮齿数，来改变传动比，使它符合不同作业时的摆动速度。回收滴灌带时，为了缠绕紧密整齐，则需要摆动的速度慢。②滚轮式回收机：机架的下部形成箱体，在机架的上端设有滚轮支架，在滚轮支架上设有滚轮，滚轮每两个为一组并排设置，每组中的两个滚轮相互贴在一起，滚轮的两端设有滚轮轴承座，并且每组中的至少一个滚轮的滚轮轴承座上设有滑槽或滑轨，滚轮支架的上端设有调节板，在调板的中间设有调节槽，在调节槽内设有紧固螺栓，在调节板的后端设有销钉，在滚轮支架的上端还设有前刮泥板，在前刮泥板上设有销钉环。它能有效地解决滴灌带的回收问题，该机不仅使用方便、工作效率高，而且节省了劳动力，降低了劳动强度，回收后的滴灌带堆放整齐，易于分类存放和搬运。③农田滴灌毛管回收机：主要由地轮、调速机构、机架、悬挂架、仿形机构、卷筒、变速装置、排管机构等组成。

99. 滴灌系统的成本由哪些部分构成？

滴灌系统的造价主要由设计费、设备材料费、安装费三部分组成。总体上看，面积越小、行距越小、地形越复杂造价越高，以66 700m^2 的平地果园为例，设计寿命为 8 年的系统造价在每667m^{2}800～900 元。由于不同果园的具体情况不同，所采用的设计方案也不一样，造价自然会有差异。具体报价取决于果园的地形条件、高差、种植密度、土壤条件、水源条件、交通状况、施肥要求、系统自动化程度等因素。对于设计使用寿命为 10 年的平地果园报价一般在每 $667m^2$ 1 200～1 500 元，山地果园报价一般在每 $667m^2$ 1 800～2 600 元。以高标准建设的滴灌系统造价在每 $667m^2$ 2 200 元左右，设计寿命为 10 年，折合每年成本为每 $667m^2$ 220 元。安装滴灌后，一方面可以节省肥料开支，按照省肥 30％计算，每年每 $667m^2$ 可节约开支 30～50 元；另一方面可以增加产量和品质，从而增加收入，以增收 10％计算，每 $667m^2$ 每年可增收 120～800 元，这还没有考虑到节工和保障丰产等隐性的价值。可见，果树安装滴灌系统是十分划算的，我们不能因为滴灌一次性的投资大，不考虑综合成本与效益而主观认为不经济。

100. 水肥一体化技术的发展前景展望

农业部提出到 2020 年，我国农业要实现"控制农业用水总量，减少化肥、农药使用量，化肥、农药用量实现零增长"。而我国仍将面临粮食需求增长的问题。发展滴灌水肥一体化是解决控水减肥与粮食需求增长之间矛盾的重要途径，对于提高肥料利用率并减轻对环境的压力、保障粮食安全、保护生态环境具有极其重要的意义。

（1）现代农业发展需求　滴灌水肥一体化技术是现代农业的主要支撑技术之一，是实现农业设施化、规模化、自动化、规范化的有效途径，它能使种植业最基本的两项农事活动（灌溉、施肥）实现精准化，能大大提高农业资源产出率和劳动生产率。

（2）社会发展需求　水安全、耕地安全、粮食安全、食品安全是确保我国可持续、和谐发展的基本条件。实践证明：滴灌水肥一体化技术节水 50％以上，大幅度节省了农业用水；单位面积粮食作物增产 20％以上，水产比提高 80％以上；单位耕地的播种面积增加 5％～7％；单位面积等产量的农药化肥使用量减少 30％以上，有效降低了农田和食品的污染源。

（3）滴灌水肥一体化技术适应性广　滴灌水肥一体化技术是一种广普性的节水技术，干旱半干旱、季节性或突发性缺水地区的洼地、坡地、山地等都适宜使用，适宜使用滴灌的作物种类也很广泛，因此，滴灌水肥一体化技术的应用前景广阔。

第七章 典型作物水肥一体化技术模式

模式一 滴灌棉花水肥一体化技术

一、膜下滴灌棉花管网布设及行距配置

1. 膜下滴灌棉花管网布设

滴灌系统的管道一般分干管、支管和毛管三级，布置时要求干、支、毛三级管道尽量相互垂直，以使管道长度和水头损失最小。通常情况下，保护地内一般要求出水毛管平行于种植方向，支管垂直于种植方向。一般干管长度设 1 000m 左右，支管长度 90～120m，间距 130～150m；每条支管安装 5～6 条附管，每条附管接毛管的数量需根据土壤质地而定。沙质土可接毛管 14 条，黏质土可接毛管 24 条，毛管长度 65～75m。毛管的间距根据作物播种行距设定，一般为 0.9m，1 管 2 行。如使用大流量的滴头，也可设 1 管 4 行。

2. 膜下滴灌棉花行距配置

（1）土地较瘠薄、品种株型紧凑、温度条件较差的地方可采用小三膜十二行，每膜四行，膜上行距 20cm＋40cm＋20cm，株距 10cm，膜间行 55cm，交接行间距 60cm。

（2）较肥沃的土地用大三膜十二行，膜上四行，行距 25cm＋50cm＋25cm，株距 9cm，交接行间距 60cm。

（3）二膜十六行超宽膜播种，行距配置 20cm＋40cm＋20cm＋40cm＋20cm＋40cm＋20cm，株距 10cm，交接行间距 65cm。

（4）五膜二十行机采棉播种，行距配置 10cm＋66cm＋10cm，株距 9～10cm，棉株在带内呈锯齿形纵向双行排列，交接行间距

66cm，是高密度植棉比较合理的一种播种方式。

二、膜下滴灌棉花需水规律及灌溉方案

1. 膜下滴灌棉花需水规律

膜下滴灌棉花需水规律，总的特点是随着生育期进行，需水量逐渐增加，花铃期达到高峰，吐絮期后逐渐下降。一般苗期耗水占总耗水的9.3%，蕾期占11.4%，花铃期占56.4%，吐絮期占22.9%，呈现阶段性的差异（表7-1）。

表7-1　棉花生育期耗水量及蕾铃期耗水强度（mm）

棉区	苗期	蕾期	花铃期	吐絮期	全生育期	蕾铃期耗水强度（mm/d）
北疆	37	113	238	40	428	3.3～4.2

2. 膜下滴灌棉花灌溉方案

膜下滴灌棉田一般苗期土壤水分上下限宜控制在田间持水量的50%～70%，蕾期控制在60%～80%，花铃期控制在65%～85%，吐絮期控制在55%～75%可较好地满足棉花各生育期对水分需求。北疆片区，一般膜下滴灌棉田全生育期每667m² 共需水220～280m³，出苗水10m³ 左右，生育期第一水一般在6月上中旬进行以每667m² 20m³ 左右，开花后棉花对水分的需要量加大，灌水量为每667m² 25～30m³，灌水周期5～7d，最长不超过9d，盛铃期以后每次灌水量逐渐减少，最后停水一般在8月下旬至9月初，遇秋季气温高的年份，停水适当延后。

三、膜下滴灌棉花需肥规律及施肥方案

1. 膜下滴灌棉花需肥规律

棉花在各个生长发育时期对氮、磷、钾养分吸收的数量不同，而花铃期是吸收养分的高峰期。根据试验结果测定，早熟陆地棉每667m² 单产350～450kg的籽棉，棉花花期氮肥吸收量占整个生育期吸收总量的54%，磷肥花铃期吸收量占整个生育期吸收总量的

75％，钾肥吸收量占 76％（表 7 - 2）。由此可见，滴灌棉花花铃期是施用化肥的关键时期，此期应重视化肥的施用量。

表 7 - 2 滴灌棉花氮、磷、钾肥不同生育期养分吸收比例（北疆片区）

生育时期	氮吸收比例（％）	磷吸收比例（％）	钾吸收比例（％）
苗期	6	3	5
蕾期	13	10	10
花期	54	44	36
铃期	21	31	40
吐絮期	6	12	9

2. 膜下滴灌棉花施肥方案

（1）膜下滴灌棉花施肥指标　根据当地"3414"田间试验确定滴灌棉花氮、磷、钾肥施肥量及比例（表 7 - 3）。例如北疆片区每 $667m^2$ 产籽棉 $350～450kg$ 的目标产量，低肥力区，氮肥（N）推荐施用量为每 $667m^2$ $20～22kg$，磷肥（P_2O_5）为每 $667m^2$ $8～9kg$，钾肥（K_2O）为每 $667m^2$ $4～5kg$；中等肥力区，氮肥（N）推荐施用量为每 $667m^2$ $18～20kg$，磷肥（P_2O_5）为每 $667m^2$ $7～8kg$，钾肥（K_2O）为每 $667m^2$ $3～4kg$；高肥力区，氮肥（N）推荐施用量为每 $667m^2$ $16～18kg$，磷肥（P_2O_5）为每 $667m^2$ $6～7kg$，钾肥（K_2O）为每 $667m^2$ $2～3kg$。氮、磷、钾肥（纯量）施用比例范围为 1：（0.35～0.45）：（0.15～0.25）。

表 7 - 3 膜下滴灌棉花生长期水氮耦合优化配置比例（北疆片区）

生育阶段		基肥	现蕾—初花	初花—盛花	盛花—盛铃	盛铃—吐絮	全生育期
水分	分配比例（％）		5	30	35	30	100
	每 $667m^2$ 参考灌水量（m^3）			13～14	78～84	91～98	78～84	260～280
	灌水次数			1	3	3	3	10
氮肥	沙土分配比例（％）			20	30	30	20	100
	壤土分配比例（％）			20	35	30	15	100

（续）

生育阶段		基肥	现蕾—初花	初花—盛花	盛花—盛铃	盛铃—吐絮	全生育期
	黏土分配比例（%）		25	35	25	15	100
	随水施肥次数		1	2	2	1	6
磷肥	沙土分配比例（%）	0	20	30	30	20	100
	壤土分配比例（%）	20	15	25	25	15	100
	黏土分配比例（%）	40	10	15	20	15	100
	随水施肥次数		1	2	2	1	6
钾肥	沙土分配比例（%）		20	40	40		100
	壤土分配比例（%）		25	40	35		100
	黏土分配比例（%）		30	35	35		100
	随水施肥次数		1	2	2		5

（2）膜下滴灌棉花施肥方法　滴灌棉花氮、磷、钾肥的施用方法主要取决于土壤质地、土壤肥力、肥料特性以及棉花需肥规律及特点等。根据田间试验结果和多年研究成果，氮肥施用方法以随水滴施为主，磷肥以基施为主，钾肥采取基滴配合（K_2O 每 $667m^2$ 用量在 2kg 以下全部采取集中随水滴施）。棉花生育期肥料随水施肥用量沙土全生育期 90%～100%，壤土占 80%～90%，黏土占 70%～80%。

（3）膜下滴灌棉花生长期水肥耦合优化配置与管理技术规程　滴灌条件下肥料在棉花不同生长期随水施肥能较好地满足棉花的需肥期。根据棉花的需肥规律及特点，随水施肥要重点放在棉花花铃期。在充分考虑棉花膜下滴灌水分、养分阶段性需求规律及水分、养分交互作用的基础上，制定出干旱区膜下滴灌棉花生长不同阶段水肥耦合优化配置与管理模式。

注意：此水肥一体化模式主要是针对干旱半干旱地区设计的，大部分试验是在新疆石河子开展的，因此其他地方应用时候请结合区域气候特征进行调整。

模式二 滴灌小麦水肥一体化技术

一、滴灌小麦管网布设

滴灌小麦毛管的布置方式一般有三种：①1机4管，1管6行，即3.6m播幅，播24行小麦，铺设4条滴灌带，滴灌带间距为90cm，铺设滴灌带位置小麦行距为20cm，交接行行距为25cm。②1机5管，交接行为1管4行，其余为1管5行：即3.6m播幅，播24行小麦，铺设5条滴灌带，滴灌带间距为72cm，铺设滴灌带位置小麦行距为20cm，交接行行距为26cm，其余小麦行距为13cm。③1机6管，1管4行：即3.6m播幅，播24行小麦，铺设6条滴灌带，滴灌带的间距为60cm，铺设滴灌带位置小麦行距为20cm，交接行行距为13.34cm，其余小麦行距为13.33cm。

二、滴灌小麦需水规律及灌溉方案

1. 滴灌小麦需水规律

小麦不同生育期的耗水量与植株生育特点、气候条件、产量水平、田间管理状况有关。小麦需水量最多的时期是拔节至抽穗和抽穗至成熟两个阶段。拔节至抽穗阶段植株生长量剧增，耗水量也急剧上升，此时土壤蒸发减少，叶面蒸腾量显著增加。在新疆拔节至抽穗阶段的耗水量一般占总耗水量的35%～40%，平均耗水量5.25～5.99mm/d。抽穗至成熟40d内，其耗水量占总耗水量的40%～50%，也是阶段耗水最大的时期，平均耗水量6.75mm/d左右。这两个生育阶段耗水量占总耗水量的75%以上，因此，保证这两个生育阶段的需水是小麦增产的关键。

2. 滴灌小麦麦灌溉方案（表7-4、表7-5）

表7-4 滴灌冬小麦生长期灌溉方案（北疆片区）

生育阶段		分蘖—越冬	返青—拔节	拔节—开花	开花—成熟	合计
冬小麦	分配比例（%）	10	25	40	25	100

（续）

生育阶段	分蘖—越冬	返青—拔节	拔节—开花	开花—成熟	合计
每 667m² 灌水量（m³）	28~30	70~75	112~120	70~75	280~300
灌水次数	1	2	3	2	8

表 7-5　滴灌春小麦生长期灌溉方案（北疆片区）

	生育阶段	出苗—拔节	拔节—开花	开花—成熟	合计
春小麦	分配比例（%）	25	50	25	100
	每 667m² 参考灌水量（m³）	70~75	140~150	70~75	280~300
	灌水次数	2	3	2	7

三、滴灌小麦需肥规律及施肥方案

1. 滴灌小麦需肥规律

冬小麦生育期较春小麦长。根据试验测定，每 667m² 单产 500kg 的滴灌冬麦，吸收氮、磷、钾养分从分蘖期到越冬期高于返青期，吸收量从拔节期开始剧增，到孕穗期和开花期达最高峰，以后逐渐降低。根据试验结果，冬小麦拔节期到开花期氮素吸收量占整个生育期总吸收量的 61.83%，磷占 69.03%，钾占到 72.89%。由此说明，滴灌冬小麦要保证苗期营养，更要注重拔节期到开花期化肥的施用量。

春小麦生长期短，生育阶段进程快，根据试验测定，每 667m² 单产 500kg 左右的滴灌春小麦，苗期到孕穗期对氮的吸收量已达 54.2%，对磷的吸收量已达 61.53%，对钾的吸收量已达 67.39%。由此说明，滴灌春小麦吸肥高峰来得早，需肥时期较集中，生育中前期是施用化肥的关键时期，应重视拔节期到孕穗期前化肥的随水施用量。

2. 滴灌小麦施肥方案

（1）滴灌小麦施肥量　根据"3414"田间试验确定的滴灌小麦

氮、磷、钾肥施肥量及比例。每 $677m^2$ 产小麦籽粒 $500\sim600kg$ 的目标产量，低肥力区，氮肥（N）推荐施用量为每 $677m^2$ $17\sim19kg$，磷肥（P_2O_5）为每 $677m^2$ $7\sim8kg$，钾肥（K_2O）为每 $677m^2$ $3\sim4kg$。中等肥力区，氮肥推荐施用量为每 $677m^2$ $15\sim17kg$，磷肥（P_2O_5）为每 $677m^2$ $6\sim7kg$，钾肥为每 $677m^2$ $2\sim3kg$。高肥力区，氮肥（N）推荐施用量为每 $677m^2$ $13\sim15kg$，磷肥（P_2O_5）为每 $677m^2$ $5\sim6kg$，钾肥（K_2O）为每 $677m^2$ $1\sim2kg$。氮、磷、钾肥（纯量）施用比例范围为 $1:(0.35\sim0.45):(0.10\sim0.20)$。见表 7-6、表 7-7。

表 7-6　滴灌冬小麦生长期水肥耦合优化配置比例（北疆片区）

	生育阶段	基肥	分蘖—越冬	返青—拔节	拔节—开花	开花—成熟	合计
水分	分配比例（%）		10	25	40	25	100
	每 $667m^2$ 参考灌水量（m^3）		$28\sim30$	$70\sim75$	$112\sim120$	$70\sim75$	$280\sim300$
	灌水次数		1	2	3	2	8
氮肥	沙土分配比例（%）		15	20	40	25	100
	壤土分配比例（%）		15	25	40	20	100
	黏土分配比例（%）		15	25	45	15	100
	随水施肥次数		1	1	2	1	5
磷肥	沙土分配比例（%）	10		25	35	30	100
	壤土分配比例（%）	30		20	25	25	100
	黏土分配比例（%）	50		15	20	15	100
	随水施肥次数			1	1	1	3
钾肥	沙土分配比例（%）			30	35	35	100
	壤土分配比例（%）			35	35	30	100
	黏土分配比例（%）			35	35	30	100
	随水施肥次数			1	1	1	3

表 7-7 滴灌春小麦生长期水肥耦合优化配置比例（北疆片区）

生育阶段		基肥	出苗—拔节	拔节—开花	开花—成熟	合计
水分	分配比例（%）		25	50	25	100
	每 667m^2 参考灌水量（m^3）		70~75	140~150	70~75	280~300
	灌水次数		2	3	2	7
氮肥	沙土分配比例（%）		20	55	25	100
	壤土分配比例（%）		25	55	20	100
	黏土分配比例（%）		25	60	15	100
	随水施肥次数		1	2	1	4
磷肥	沙土分配比例（%）	0	30	35	35	100
	壤土分配比例（%）	20	20	30	30	100
	黏土分配比例（%）	40	15	25	20	100
	随水施肥次数		1	1	1	3
钾肥	沙土分配比例（%）	0	30	35	35	100
	壤土分配比例（%）	0	35	35	30	100
	黏土分配比例（%）	0	35	35	30	100
	随水施肥次数		1	1	1	3

（2）滴灌小麦施肥方法　肥料的施用方法是提高滴灌小麦化肥利用率的关键之一。滴灌小麦氮、磷、钾肥的施用方法主要取决于土壤质地、土壤肥力、肥料特性以及小麦需肥规律及特点等。根据田间试验结果和多年研究成果，氮肥移动性较强，冬、春小麦氮肥全部采用随水滴施。磷肥移动性较差，以随水滴施为主，基施为辅，磷肥黏土基施比例大于壤土，壤土又大于沙土。钾肥移动性好于磷肥，但弱于氮肥，并且钾肥施用量少，钾肥全部采用集中随水滴施。

（3）滴灌小麦生长期水肥耦合优化配置与管理技术规程　小麦滴灌施肥与常规施肥有所不同，在滴灌条件下肥料在小麦不同生长期随水施肥能较好地满足小麦的需肥期。根据小麦的需肥规律及特点，随水施肥要重点放在小麦的生长中前期，尤其是春小麦。滴灌施肥在充分考虑小麦滴灌水分、养分阶段性需求规律及水分、养分交互作用的基础上，根据试验研究制定出滴灌小麦生长不同阶段水肥耦合优化配置与管理技术规程。

模式三　滴灌玉米水肥一体化技术

一、玉米滴灌带选择与管网布设

建议采用2行1管宽窄行种植，宽行80～90cm，窄行20～40cm，窄行中铺设1根滴灌带，株距依密度确定，建议播种密度每667m² 7 000～8 500株。选用单翼迷宫式或者内镶贴片式滴灌带，滴孔间距（300mm）。根据土壤质地选择滴管带滴头流量：沙壤土应当选择滴头流量2.8～3.2L/h为宜；壤土应当选择滴头流量2.4～2.8L/h为宜；黏土应当选择滴头流量1.8～2.4L/h为宜；支管选择PE（聚乙烯）黑管水带（75 # 或者90 #）。最好选用幅宽70～90cm，厚度＞0.01mm的普通聚乙烯薄膜或生物与光双降解薄膜。

选择土层深厚、肥力中等以上地块，清除前茬作物根茬，合墒耕翻，深度以20～30cm为宜，耕后及时耙糖，整地。4月20日至5月15日，当5～10cm土层温度稳定通过8～10℃即可播种。采用地膜覆盖栽培，播种时间可比露地种植提早一周。尽量采用机械精量点播，播深3～4cm，播种时膜要展平、拉紧、紧贴地面，膜边压紧压严、覆土均匀（每隔2～3m在地膜上压一小土堆以防风揭膜），滴灌带要拉紧，播后及时浇出苗水，确保全苗。

二、滴灌玉米需肥规律

根据试验测定结果，滴灌玉米全生育期吸收的氮、钾接近，并且最多，而磷较少。每667m²单产1 000～1 100kg的滴灌玉米，苗期苗体小，干物质积累少，吸收的氮、磷、钾养分数量也少，占全生育期吸收总量的1.28%～2.83%。进入拔节期，吸收氮、磷、钾养分的数量剧增，直到抽雄期至开花期达最高峰，以后逐渐降低，从表7-8可以看出，滴灌玉米拔节期吸收氮、磷、钾养分数量分别占全生育期总吸收量的28.16％、18.36％和22.16％。抽雄期至开花期氮素吸收量占整个生育期总吸收量的48.23％、磷占52.4％、钾占52.59％。同时可以看出，滴灌玉米吸收氮、钾的高峰期较磷来得早，由此可见，滴灌玉米要注重化肥早期施用，即保证生育前期的养分供应，同时更要注重生长中期即抽雄期到开花期化肥的随水施用及养分的配合比例。

表7-8　滴灌玉米不同生育期养分吸收量及比例

生育时期	氮		磷		钾	
	每667m² 吸收量（kg）	吸收比例（％）	每667m² 吸收量（kg）	吸收比例（％）	每667m² 吸收量（kg）	吸收比例（％）
苗期	0.37	2.32	0.06	1.28	0.43	2.83
拔节期	4.48	28.16	0.90	18.36	3.58	23.47
抽雄期	4.05	25.45	1.31	26.68	4.44	29.12
开花期	3.62	22.78	1.27	25.72	3.38	22.16
吐丝期	2.34	14.73	0.95	19.24	2.23	14.58
成熟期	1.04	6.56	0.43	8.72	1.20	7.84

三、滴灌玉米水肥一体化技术方案

以北疆片区为例，每667m² 产玉米籽粒1 000～1 100kg的目标产量，滴灌条件下，全生育期滴水8～10次，总滴水量每667m² 300～350m³。低肥力区，氮肥（N）推荐施用量为每667m² 19～21kg，磷肥（P_2O_5）每667m² 为8～9kg，钾肥（K_2O）为每667m² 4～5kg。中等肥力区，氮肥（N）推荐施用量为每667m² 17～19kg，磷肥（P_2O_5）为每667m² 7～8kg，钾肥（K_2O）为每667m² 3～4kg。高肥力区，氮肥（N）推荐施用量为每667m² 15～17kg，磷肥（P_2O_5）为每667m² 6～7kg，钾肥（K_2O）为每667m² 2～3kg。氮、磷、钾肥（纯量）施用比例范围为1：（0.38～0.48）：（0.15～0.25）。

具体水肥一体化方案如下：

（1）出苗水　滴灌水每 $667m^2$ 15～20m^3，随水滴施磷酸一铵或者出苗水专用肥每 $667m^2$ 2～3kg，如果土壤盐碱较大可以改用磷酸脲或者酸性土壤改良剂每 $667m^2$ 2～2.5kg。

（2）出苗后第一水的管理　尽量延迟第一水灌溉时间，直至玉米幼株上部叶片卷起（大概在生育期 40～45d 以内，时间大概为 6 月上旬）；根据土壤墒情每 $667m^2$ 滴水 30～35m^3，滴清水 1h 以后，随水滴施尿素 4～5kg、磷酸脲 1.5～2kg、硫酸钾 1.0～1.2kg 或者相同含量的滴灌专用肥（下同）。

（3）第二水管理基本上灌后 7～12d（时间为 6 月中下旬）根据土壤墒情每 $667m^2$ 滴水 45～60m^3，滴清水 1h，随水滴施尿素 3～4kg、磷酸一铵 1.5～2.0kg、磷酸脲 1kg、硫酸钾 1.0～1.5kg、锌、锰、硼微量元素肥料 0.2～0.3kg、硫酸镁 0.05～0.1kg。

（4）第三水管理基本上灌后 7～12d（时间为 7 月上中旬）根据土壤墒情每 $667m^2$ 滴水 45～60m^3，滴清水 1h 以后，随水滴施尿素 5～6kg，如果有条件可以增加硫酸铵 1kg（下同）、磷酸一铵 3.5～4kg、钾肥 2kg。

（5）第四水管理基本上灌后 7～12d（时间为 7 月中下旬）根据土壤墒情每 $667m^2$ 滴水 50～70m^3，滴清水 1h 以后，随水滴施尿素 4～5kg、磷酸一铵 3～4kg、氯化钾 1.5～2.0kg，氨基酸或者腐殖酸（锌、硼、锰比例 1：2：1）等 0.3～0.5kg。

（6）第五水管理基本上灌后 7～12d（时间为 8 月上旬）　根据土壤墒情每 $667m^2$ 滴水 45～55m^3，滴清水 1h 以后，随水滴施尿素 2～3kg、硫酸铵 3～5kg、磷酸一铵 3～4kg、钾肥（K_2O）1.8～2.2kg，氨基酸或者腐殖酸（锌、硼、锰、钙）0.3kg。

（7）第六水管理基本上灌后 7～12d（时间为 8 月中旬）　根据土壤墒情每 $667m^2$ 滴水 40～50m^3，滴清水 1h 以后，随水滴施尿素 3～4kg、磷酸一铵 2～3kg、钾肥（K_2O）1.5～1.8kg。

（8）倒数第二次灌溉　每 $667m^2$ 用水量控制在 30m^3 以下，随水滴施尿素 2kg、磷酸脲 1kg、钾肥（K_2O）1kg，最后一水施尿素 1kg、硫酸钾 0.5kg。

（9）最后一水管理 每 667m² 用水量控制在 30m³ 以下，时间大概为 8 月下旬或者 9 月初，九月中旬后禁止灌溉。

模式四 滴灌向日葵水肥一体化技术

一、滴灌向日葵管网布设

播种模式采用干播湿出，膜上精量点播，一膜一管两行 60cm 等行距配置，株距 45～50cm。向日葵秆高、茎粗，要合理密植，有利于通风透光，提高光合作用，原则是食葵品种宜稀，油葵品种宜密。油葵保苗每 667m² 4 000～5 000 株，食葵保苗每 667m² 2 500～3 000 株，在这个密度条件下既保证个体发育良好，又能提高群体产量。

二、滴灌向日葵需水规律及灌溉方案

1. 滴灌向日葵需水规律

向日葵是抗旱能力较强的作物。种子发芽需吸收种子本身重量 56％的水分。从出苗至现蕾需水占全生育期总需水量的 20％左右，该阶段抗旱能力最强，干旱有利于蹲苗壮秆，促进根系发育。现蕾至开花结束是向日葵一生需水最多的时期，约占全生育期需水量的 60％以上。开花结束到成熟需水约占全生育期需水量的 20％。

2. 滴灌向日葵灌溉方案

向日葵整个生育期一般滴灌 6～7 次。在 6 月上中旬现蕾时进行第一次滴灌，灌水量每 667m² 40～50m³，第一水后根据向日葵生长及气候每间隔 12～15d 滴灌 1 次，每次滴水量不得少于每 667m² 40m³（表 7-9）。

表 7-9 滴灌向日葵灌溉日期及灌溉量（北疆片区）

生育时期	灌溉日期（月/日）	每 667m² 灌溉量（m³）
现蕾前期	6/5	50
现蕾期	6/17	40

（续）

生育时期	灌溉日期（月/日）	每 667m² 灌溉量（m³）
	6/29	45
开花期	7/11	45
	7/23	45
	8/6	40
成熟期	8/18	35
合计	7 次	300

注：灌水日期根据实际情况可进行调整。

三、滴灌向日葵需肥规律及施肥方案

1. 滴灌向日葵需肥规律

向日葵不同的生长发育阶段，对营养种类和数量的需要也不同，从出苗到现蕾，需要氮素占全生育期吸收氮素的 55%，而现蕾到开花，吸收氮素就占 32%，开花到成熟，吸收氮素占 33%。从现蕾到开花是向日葵旺盛生长时期，也是集中需氮时期。向日葵最容易吸收和利用水溶性磷酸盐。磷在向日葵茎叶相对含量随着植株的生长而降低。在生理成熟时期，花盘里磷的含量减少。磷在开花前主要积累在叶子里，在开花期集中在花盘里，成熟期集中在子实里。向日葵整个生育期都吸收磷素营养，特别是后期需要量较多。从出苗到现蕾，吸收磷素占全生育期的 21%；现蕾到开花占 33%；开花到成熟占 46%。在施用钾肥的基础上，增施磷肥，表现植株高，叶数增多，叶面积增大，生育期提早。向日葵从出苗到现蕾，吸收的钾占全生育期吸收量的 40%，现蕾到开花占 26%，开花到成熟占 34%。肥料三要素中以需钾最多，氮次之，磷最少。形成 100kg 籽粒需要 N $4.4\sim6.5$kg，P_2O_5 $1.5\sim2.5$kg，K_2O $6\sim8$kg。高产栽培中基肥施用量占 70%，追肥占 30%，80% 的磷肥用作底肥，氮肥和钾肥随水滴施。

2. 滴灌向日葵施肥方案

向日葵施肥应以氮肥为主、磷肥为辅，并补施一定的钾肥。结合翻地，将有机肥（每 $667m^2$ 1 500～2 000kg）、磷肥的 30％～50％作基肥全层深施。向日葵一生吸收氮、磷、钾的比例大致为 1.0：0.5：1.7。北疆片区全生育期，高肥力区，氮肥（N）施用量为每 $667m^2$ 10～12kg，磷肥（P_2O_5）为每 $667m^2$ 5～6kg，钾肥（K_2O）为每 $667m^2$ 3～4kg。中等肥力区，氮肥（N）为每 $667m^2$ 12～14kg，磷肥（P_2O_5）为每 $667m^2$ 6～7kg，钾肥（K_2O）为每 $667m^2$ 4～5kg。低肥力区，氮肥（N）每 $667m^2$ 为 14～16kg，磷肥（P_2O_5）每 $667m^2$ 为 7～8kg，钾肥（K_2O）每 $667m^2$ 为 5～6kg。氮、磷、钾肥（纯量）施用比例范围为 1：0.8：0.6。滴灌向日葵全生育期随水施肥 4～5 次。

模式五　加工番茄水肥一体化技术

一、滴灌加工番茄管网布设

科学的管网布设应使加工番茄具有合理的株行距配置，植株的茎、叶、果实能够覆盖整个地面，又不造成严重的田间郁蔽，且方便田间管理工作的实施。同时，株行距配置，应考虑品种特点、土壤质量（土壤类型、养分含量、盐碱含量）、灌溉方式、农机装备和水肥管理水平等因素，并相应调整。

国内各地滴灌番茄的种植普遍采用一膜双行、宽窄行的模式，早熟品种株距 23～25cm，中晚熟杂交种株距 28～30cm；地膜宽度 90cm，行距配制为 40cm＋110cm 或 30cm＋120cm，滴灌带布设于双行中间，可同时适合机械采收；平畦播种，利于抗旱。播种方式分机械覆膜铺管人工点播、膜上机械点播、膜下机械条播或育苗移栽等。一般播种量为每 $667m^2$ 60～80g，播深以 1.5～2cm 为宜。播后及时安装滴灌设备，适时、适量滴出苗水，水量每 $667m^2$ 12～15m^3。

二、滴灌加工番茄需水规律

1. 滴灌加工番茄需水规律

出苗—开花前：植株营养个体小，外界气温较低，土壤水分蒸发和植株蒸腾相对较低，特别是土壤表面干燥时，蒸发量较小，对水分的需求处于低水平。开花—坐果初期：枝叶迅速生长，气温显著升高，土壤水分蒸发和植株蒸腾逐渐增加，植株对水分的需求快速增加，但需求量还未到高峰值。盛果期—20%果实成熟：是植株需水量最大的阶段，也是对产量影响最大的时期。无论灌溉量、灌溉频率都处于高峰期，需要保证水分的及时、充足供应。果实大量成熟—采收前：随着果实的大量成熟和植株的衰老，植株对水分的需求逐渐降低，但秋季气温较高的一些地方或年份，植物蒸腾仍维持在较高的水平。持水能力弱的沙性土壤仍需满足水分供应，否则会造成高比例的日灼果；但黏性土维持较高的灌溉水平，固然会对产量增加有帮助，但会大幅降低果实可溶性固形物含量，影响果实的耐贮性，在秋季多雨的年份，还会造成果实大量腐烂。

2. 滴灌加工番茄灌溉方案

灌溉量、灌溉时间、灌溉频率需综合考虑土壤类型、生长阶段、气候等因素的确定，加工番茄植株根系主要分布在 $0\sim30\text{cm}$ 土壤深度内，因此滴水后土壤湿润空间达到 40cm 深就可满足作物蒸腾和生长发育所需的水分。黏性土壤比沙性土壤具有更强的持水能力，土壤水分消耗少，灌溉间隔可长些。加工番茄生长发育早期，温度较低，蒸发较低，灌溉间隔就要短一些，盛果期是需水高峰期，需要农田保持较高持水量，灌溉间隔也要短些。通常，滴灌田需水高峰期的灌溉间隔为 $4\sim7\text{d}$。采收前 $14\sim28\text{d}$ 开始停水，以提高果实的可溶性固形物含量、耐贮性，对机械采收来讲更是如此，具体灌溉方案如表 7-10 所示。

表 7-10　滴灌加工番茄每 667m² 灌溉方案（m³）（北疆片区为例）

时期	苗期	初花期	盛花期	初果期	坐果盛期	果实膨大期	20%红熟期或转色	合计
灌量	30	25	30	30	50	105	30	300
次数	1	1	1	1	2	3	1	10

注：坐果盛期每 667m² 50m³，分 2 次，每 667m² 单次 25m³；果实膨大期每 667m² 105m³，分 3 次，单次每 667m² 35m³；红熟后采收 14~28d 前停水。

三、滴灌加工番茄需肥规律及施肥方案

1. 滴灌加工番茄需肥规律

加工番茄出苗—开花前，养分吸收缓慢；开花坐果期—果实膨大期，氮和钾素的吸收加速；盛果期—果实成熟期，养分吸收持续维持在纯 N 5.7~7.5kg/(hm² · d)、P_2O_5 0.57~1.8kg/(hm² · d) K_2O 6.75~9kg/(hm² · d)，此阶段是施肥的关键时期。随着果实大量成熟，氮素和钾素的吸收逐渐放缓，茎叶内的部分养分逐步回流果实。磷素吸收在整个生育期是一个平缓的过程，其吸收量相比氮、钾少得多。研究表明，滴灌加工番茄产量为每 667m² 9 000kg 的养分吸收水平为 N 每 667m² 20kg，P_2O_5 每 667m² 4kg，K_2O 每 667m² 20~25kg。

2. 滴灌加工番茄施肥方案

科学的养分管理计划应该在种植前，根据土壤养分状况和供应能力、加工番茄养分需求特点、目标产量、灌溉方式等因素就制定好，并根据生育期内的土壤养分测定和植株组织养分测定结果做相应的调整。以北疆片区为例，目标产量为每 667m² 7 500~8 000 kg，采用滴灌方式的加工番茄化肥实物量总施肥量为每 667m² 尿素 28kg、重过磷酸钙 15kg、硫酸钾 12kg、磷酸一铵 12kg、具体施肥方案如表 7 - 11 所示。

表 7 - 11 滴灌加工番茄每 667m² 施肥方案（kg）（北疆片区）

时期	基肥	苗期	初花期	盛花期	初果期	坐果盛期	果实膨大期	20%红熟或转色	合计
重过磷酸钙	15								15
尿素		1	3	4.5	4	5	6.5	4	28
磷酸一铵		1	2.5	0.5	1.5	0.5	1	1	8
硫酸钾	4	0.3	0.5	0.5	0.5	1	2.2	3	12
次数	1	1	1	1	1	2	1	8

注：果实膨大期施肥量分 2 次。

模式六　打瓜（籽用西瓜）
水肥一体化技术

一、滴灌打瓜管网布设

滴灌打瓜栽培一般采用机械化直播方式，宽窄行布局，行距配置一般为70cm，一膜两行一管模式（40cm＋70cm）或120cm一膜四行两管模式（80cm＋25cm＋40cm＋25cm）。滴灌带布置在窄行中间，滴灌带间距110cm或105cm＋65cm。机械覆膜、铺管、气吸式精量点播、盖土一次完成，播深2～3cm，每穴播种1～2粒。株距24cm，一膜两行一管模式理论株数6 160株，实际保苗3 700～3 900株；一膜四行两管模式理论株数6 533株，实际保苗4 300～4 500株。滴灌带通常选用单翼迷宫式滴灌带，滴头流量2.4L/h，滴头间距30cm为宜。

开春后，当10cm地温稳定在14℃时即可进行播种，一般在4月中下旬。地块因选择耕深厚、排灌方便、质地疏松、渗水快又保水的壤土、沙壤土为宜，深翻25cm，严禁重茬。播种后滴出苗水，干播湿出。

二、滴灌打瓜需水规律及灌水方案

1. 滴灌打瓜需水规律

出苗水：播种后，需滴出苗水但水量不宜过多，出苗后需控水蹲苗30d左右。苗期：打瓜植株营养个体小，外界气温较低，土壤水分蒸发和植株蒸腾相对较低，打瓜对水分的需求处于低水平。蔓花期：随着打瓜营养生殖的迅速生长，以及气温显著升高，土壤水分蒸发和植株蒸腾逐渐增加，打瓜对水分的需求快速增加，但需求量还未到高峰值。坐果期：坐果期至果实膨大期是打瓜需水量最大的关键阶段，也是对产量影响最大的时期。无论灌溉量、灌溉频率都处于高峰期，需要保证水分的及时、充足供应。成熟期：随着打瓜落秧、果实成熟和植株衰老，植株对水分的需求逐渐降低，但仍需进行灌溉。

2. 滴灌打瓜灌水方案

北疆片区，打瓜生育期灌水必须坚持"头水不能早，小水细灌"的原则，蹲苗 30d 左右，头水一般在打瓜第五至六片真叶伸蔓时，主蔓瓜径达 5~10cm 滴水 1 次，时间约在 6 月中旬，灌水周期 10d 左右，滴水 1~2 次；进入 7 月，打瓜进入坐果期，需水量较大，灌水周期 6~8d，滴水 4~5 次，特别是当田间 80％的打瓜果实有鸡蛋大小时灌要进行滴水（果实膨大期）；进入 8 月，打瓜进入落秧期及籽粒成熟期，需水较少，灌水周期 8~10d，滴水 2~3 次，8 月上旬前灌水结束，具体如表 7-12 所示。

表 7-12 滴灌打瓜灌溉方案（北疆片区）

时期	出苗	蔓花期	坐果期	成熟期	合计
每 667m² 灌量（m³）	15~20	20~30	25~35	20~25	80~110
次数（次）	1	1~2	4~5	2~3	8~11
间隔（d）		10	6~8	8~10	

三、滴灌打瓜需肥规律及施肥方案

1. 滴灌打瓜需肥规律

打瓜生育期只有 90~100d，通常依据种植打瓜地块的土壤肥力状况和肥效反应，确定目标产量和施肥量，打瓜的施肥应采用有机、无机相结合，基肥足、追肥早、壮籽肥轻的原则，尤其要重视水肥联合调控。每产 150kg 瓜籽，需纯 N21.4kg、P_2O_5 10.7kg、K_2O 10.9kg，其比率为 2:1:1。甩蔓前和果实膨大期是需肥量最大的时期，应适时、足量地追施肥料。

2. 滴灌打瓜施肥方案

科学的施肥方案应该在种植前，根据土壤养分状况和供应能力、打瓜养分需求特点、目标产量、灌溉方式等因素就制定好。

打瓜施肥管理措施中应注重秋翻有机肥，北疆片区，蔓花期随头水开始滴施追肥，果实膨大期需追肥 2 次，生育期内随水滴肥 3～4 次，成熟期不滴肥，7 月底停施。基肥除有机肥外，还应施过磷酸钙、重过磷酸钙等，滴肥可选择的化肥种类有尿素、磷酸一铵、硫酸钾、磷酸二氢钾等。目标产量为每 $667m^2$ 150～170kg 的打瓜籽产量时，推荐的具体施肥方案如表 7-13 所示。

表 7-13　滴灌打瓜每 $667m^2$ 施肥方案（kg）

时期	基肥	苗期	蔓花期	坐果期	成熟期	合计
有机肥	2 000～2 500					2 000～2 500
过磷酸钙	30					30
尿素	10	3		10		23
磷酸一铵		5		4		9
硫酸钾	8	3		3		12
次数	1	1		2		4

注：坐果期施肥 2 次，每 $667m^2$ 每次施尿素 5kg、磷酸一铵 2kg、硫酸钾 1.5kg。

模式七　滴灌甜菜水肥一体化技术

一、甜菜滴灌带选择与管网布设

建议采用一膜两行双管，管膜上毛管间距为 30～40cm，膜间毛管间距为 60～70cm，膜上滴灌带距甜菜行 5～10cm，株距依密度确定，建议播种密度每 $667m^2$ 5 000～600 株。选用单翼迷宫式或者内镶贴片式滴灌带，滴孔间距 300mm。根据土壤质地选择滴管带滴头流量：沙壤土应当选择滴头流量 1.8～2.2L/h 为宜；壤土应当选择滴头流量 1.5～2.2L/h 为宜；黏土应当选择滴头流量 1.4～1.8L/h 为宜；支管选择 PE（聚乙烯）黑管水带（75 # 或者 90 #）。最好选用幅宽 70～90cm，厚度＞0.01mm 的普通聚乙烯薄膜或生物与光双降解薄膜。

选择土层深厚、结构良好、有机质含量高、pH 近中性、地势平坦、排水良好的地块。甜菜忌重茬和迎茬，比较适宜的前作为麦类、豆类、绿肥等。种植甜菜的地块实行 4 年以上的轮作。甜菜是深根作物，良好的土壤结构是获得高产的关键，要求耕深 28～30cm，整地质量必须达到"墒、平、松、碎、齐、净"六字标准，为甜菜出苗奠定基础。播种时间当早春连续 5 天日平均温度达10℃以上即可播种。播种质量要求播行端直，不错位，空穴率控制在 3％以下。播种深度 2.0～2.5cm，覆土厚度控制在 1.0～1.5cm；播种时膜要展平、拉紧、紧贴地面，膜边压紧压严、覆土均匀（每隔 2～3m 在地膜上压一小土堆以防风揭膜），滴灌带要拉紧，播后及时浇出苗水，确保全苗。

二、滴灌甜菜需水规律及灌溉方案

1. 滴灌甜菜需水规律

甜菜是需水肥较多的作物，全生育期需水时段为 5～9 月，甜菜全生育期分前期、中期、后期 3 个阶段；阶段需水量中期最高，占甜菜全生育期总需水量的 50％，但阶段生育期天数仅占全生育期的 36％，该阶段需水量为 6.29mm/d；甜菜后期需水量最小，平均需水量为 3.15mm/d。甜菜的前期主要是叶面生长，中期以根茎生长为主。中期对水要求极高，因为这一时期是甜菜生长的重要时间，若这时缺水，对产量是有很大影响的，可以认为这个时期为甜菜的临界期。而甜菜生育阶段的后期，主要是甜菜糖分的形成期，甜菜需要一定的水分来进行光合作用，因而这一阶段的需水量也很重要，它决定甜菜的含糖量，也是甜菜生长的一个重要需水阶段。

2. 滴灌甜菜灌溉方案

灌水原则是前促后控，叶片繁茂期至块根膨大期是灌水的重点。田间诊断：当中午大部分叶片呈现萎蔫下垂时就应浇水。滴灌甜菜苗期需水少，在不缺水的情况下，应适当蹲苗；头水晚灌，可促进根系下扎，扩大根系范围，增强植株抗旱能力；若植株缺水严重，也可适量灌水，水量为每 667m² 15～25m³。一般情况下，北疆 5月底、6月上旬灌头水，南疆可提前到 5 月中下旬，以后每隔 10～15d灌一次水，全生育期灌 6～7 次，每 667m² 每次灌水 50～60m³，收获前15～20d停止灌水。灌溉质量要求达到：灌水均匀，不干不涝，土壤含水量保持在田间最大含水量的60％～85％。

三、滴灌甜菜需肥规律及施肥方案

1. 滴灌甜菜需肥规律

甜菜对肥料反应比较敏感，需肥量较大。耗肥量大，吸肥力强，吸收肥料期间长，是甜菜三大需肥特点。每生产1 000kg甜菜需纯N 5kg、P_2O_5 1.5kg、K_2O 7kg，还需要相当数量的钙、钠、铁、硫、镁、硼、钼、锌等微量元素。

在甜菜营养生长时期，需肥量是两头小、中间大，呈抛物线状。幼苗期植株小，吸肥量小，占全生育期吸肥量的15％～20％；甜菜繁茂期对氮、磷、钾的吸收量分别为整个生育期总吸收量的70％～90％、50％～66％、53％～72％；到了块根成熟生长期，甜菜对磷、钾的吸收量仍然较多，但对氮肥的需要则显著减少，只占全生育期总量的8％～9％，一般来说，在此期间不需要追肥，特别是氮肥。

甜菜幼苗期虽需肥量小，但这时也是生命活动最旺盛时期，对各种营养元素需要量都很迫切。有的营养元素在体内还有再利用特点，所以肥料应当适当提前施用。

2. 滴灌甜菜施肥方案

根据甜菜不同生育期对养分的需要量合理滴肥。出苗水随水滴施磷酸一铵或者出苗水专用肥每667m² 2～3kg，如果土壤盐碱较大可以改用磷酸脲或者酸性土壤改良剂每667m² 2～2.5kg，有条件可以滴施2～3kg腐殖酸。苗期每667m²施氮肥（N）2kg、磷肥（P_2O_5）0.3kg、钾肥（K_2O）0.3～0.5kg；叶丛快速生长期，对氮、磷、钾的需求量急剧增加，此期每667m²施氮肥（P_2O_5）6kg、磷肥（K_2O）3kg、钾肥（K_2O）2kg；块根糖分增长期每667m²施氮肥（N）4kg、磷肥（P_2O_5）3kg、钾肥（K_2O）5kg；糖分积累期，要控制氮素水平，以免造成叶片过分生长、消耗大量光合产物、降低块根品质，可根据作物长势，适量均施磷、钾肥，磷肥（P_2O_5）每 667m^2 增施 0.4kg、钾肥（K_2O）0.5kg。

甜菜不仅利用根系吸收各种营养，而且能通过叶细胞吸收低浓度营养液，特别是在甜菜块根糖分增长期进行叶面喷施，效果最显著，但一定要严格控制肥液的浓度，喷肥应选择晴朗无风天气，在露水干后进行，中午阳光过强、叶片萎蔫时不宜喷肥。在甜菜生长中后期，喷施 2～3 次叶面肥可起到增产、增糖的作用，一般以磷酸二氢钾结合微肥硫酸锌、硼砂喷施效果较好。

模式八　滴灌西瓜水肥一体化技术

一、滴灌西瓜管网布设

输水管道是把供水装置的水引向滴灌区的通道。对于西瓜滴灌来说，一般是三级式，即干管、支管和滴灌毛管。其中毛管滴头流量选用 2.8L/h，滴头间距为 30cm，使用 90cm 宽的地膜，每条膜内铺设 1 条滴灌毛管，相邻两条毛管间距 2.6m。对于水分横向扩散能力弱、垂直下渗能力强的沙性土壤地块，采用一膜两管布管方式，灌溉效果较好。

二、滴灌西瓜需水规律及灌溉方案

1. 滴灌西瓜需水规律

据测定，西瓜植株通过光合作用每形成 1g 干物质平均耗水量为 700g，西瓜植株一生中需消耗 1t 左右的水量。不同生长发育期需水量不同，一株 2～3 片真叶的幼苗每昼夜的蒸腾水量为 170g，雌花开放时达 250g。所以应根据西瓜不同时期的需水特点，适时适量供水。

土壤水分的高低对西瓜结瓜期影响最大，伸蔓期影响次之，幼苗期影响较小。西瓜产量最大条件下的需水规律为：幼苗期控制最大田间持量的 80%～90%，伸蔓期 60%～70%，结果期 80%～90%。

2. 滴灌西瓜灌溉方案

全生育期滴水 9～10 次，每 667m^2 滴水量 235～270m^3。出苗

水要求灌量足，浸透播种带以确保与底墒相接，每 667m² 滴水量为 30m³。出苗后根据土壤墒情蹲苗，在主蔓长至 30～40cm 时滴水 1 次，每 667m² 滴量为 25m³。开花至果实膨大期共滴水 6 次，每隔 5～7d 滴水 1 次，每次每 667m² 滴量 25m³，其中开花坐果期需水量较大，每 667m² 25～30m³，膨大期保持在每 667m² 30m³。果实成熟期滴水 1 次，为保证西瓜的品质、风味，要减少灌水量，根据瓜蔓长势保持在每 667m² 20～30m³，果实采收前 7～10d 停止滴水。

三、滴灌西瓜需肥规律及施肥方案

1. 滴灌西瓜需肥规律

西瓜生长速度快，要及时供应养分。西瓜不同生长发育时期对氮、磷、钾养分的吸收量有较大差异，幼苗较少，伸蔓期吸收量增多，果实膨大期吸收量达到最高峰，成熟期趋于缓慢。

西瓜对氮、磷、钾、钙、镁、硫的需求量较多，而对铁、锌、锰、铜、硼和钼等微量元素的需求量较少。在肥料三要素中，以钾最多，钾肥施用量的多少对西瓜果实大小、色泽、糖分积累等品质因素影响较大，氮次之、磷最少。西瓜在不同生长时期对各种养分的需求比例不尽相同；每吨西瓜所带走的养分数量大致为：纯 $N2.5kg$、$P_2O_50.9kg$、$K_2O3.0kg$。

幼苗期吸肥量约占总吸肥量的 0.54%；抽蔓期占总吸肥量的 14%；结瓜期约占总吸肥量的 85%。在西瓜生长前期增施氮肥，配施磷、钾肥，促进植物营养生长，坐瓜期追施氮、钾肥，对于提高西瓜产量和品质十分重要。在每 667m² 产 3t 的产量水平下，在土壤肥力水平低的情况下，大约施肥量为：纯 N 15kg、P_2O_5 8～10kg、K_2O 20kg、MgO 4kg。

2. 滴灌西瓜施肥方案

有机肥、磷肥，部分钾肥、镁肥可以作为底肥施入土壤。有机肥的施用量要根据土壤有机质含量而定，有机质含量低多施。一般沙壤土每 667m² 施用有机肥 0.3～0.5t、磷酸一铵 20kg、钾镁肥 10kg，或在施用有机肥的基础上施入平衡性复合肥 25～30kg。一般尿素、硝态氮肥不建议作底肥用。一般氮肥、钾肥可全部通过灌溉系统施用；磷肥主要用过磷酸钙或农用磷酸铵作基肥施用；微量元素通过叶面肥喷施。各时期肥料的分配要根据西瓜不同的生育时期养分特点确定。总体的规律是养分的吸收量与生长量基本同步。养分需求规律氮磷钾吸收比例（$N：P_2O_5：K_2O$）抽蔓期为：1.0：0.5：0.3，开花—坐果期为 1.0：0.7：0.5，果实膨大—糖分积累期为 1.0：0.9：0.7。北疆片区中等肥力土壤滴灌西瓜可参照表 7-14。

表 7-14　目标产量养分需求量（北疆片区）

每 667m² 产量（kg）	每 667m² 养分需求量（kg）		
	N	P_2O_5	K_2O
5 000	15	10	7
6 000	18	13	9
7 000	21	15	11
8 000	24	17	13

施肥注意要点：①在开花前 10～15d 少施氮肥，以免瓜蔓徒长，出现只长苗不开花的现象，根据蔓的长势判断；②成熟前 7～10d 不要浇水和施肥，以免土壤水分过多，影响西瓜的糖分。

模式九　滴灌苹果（常规栽培模式）水肥一体化技术

一、滴灌苹果管网布设

选用内镶圆柱式滴灌管，滴头间距 50cm，壁厚 1.2mm，外径为 16mm，流量 3.2L/h。单根毛管在满足设计均匀度的条件下，设计长度为 60m，毛管进口所需工作压力为 10m。建议盛果期苹果树种植株行距（1.8～2）m×4m，幼龄苹果树距树干 20cm 处两侧铺设滴灌带，盛果期苹果树距树干 50cm 处两侧铺设滴灌带，毛管间距为（1+3+1）m。干管、支管均选择 0.6MPa 的 PVC 管，毛管选择 0.4MPa 的 PE 管。

二、滴灌苹果需水规律及灌溉方案

1. 滴灌苹果需水规律

苹果全生育期各个时期对水分的需求不同，花期到幼果期占生育期总需水量的 7.2%，需水强度为 1.6mm/d；幼果期到果实膨大期占生育期总需水量的 5.9%，需水强度为 1.8mm/d；果实膨大期到采收期占生育期总需水量的 86.9%，需水强度 3.3mm/d。说明果实膨大期到采收前是需水量较大的时期，即 6～9 月的需水量最大，此期也是全年气温最高期，树冠和果实生长最快的时期。

根据苹果生长对水分需求，建议花芽期土壤湿度保持在田间持水量的 71.3%，水分充分有利于萌发新芽，水分亏缺则会影响新梢的数量和生长速度。花期是果树营养生长期，土壤湿度宜控制在 70% 左右。果实膨大期是需水高峰期，土壤湿度变化对果实膨胀速度及产量影响很大，土壤适宜湿度为 71.7%。成熟期苹果处在着色和糖分转化期间，土壤湿度不宜过高，否则会使苹果贪青晚熟，易遭霜冻，影响果品价格，土壤湿度宜控制在 65.2% 左右。

2. 滴灌苹果灌溉方案

南疆地区生产优果的灌水水平为每 667m^2 316～524m^3，灌水原则：前促后控，全生育期共滴水 7 次，萌芽及新梢生长期滴水 3 次（萌芽前、新梢生长、开花前），果实生长期滴水 4 次（坐果、果实膨大期、果实成熟期），封冻前再灌 1 次封冻水。在果树开花前一定要浇足水，促进新梢旺长。如果在谢花后遇到透地大雨，雨后应立即在主干上环割一刀，以防止出现生理落果问题。苹果采前 20d 内控水。

三、滴灌苹果需肥规律及施肥方案

1. 滴灌苹果需肥规律

苹果树生长和结果需要通过根系从土壤中吸收氮、磷、钾、镁、硫、锌、铜、锰、铁、硼多种营养元素。一般每生产 100kg

果实需氮（N）0.8～2.0kg、磷（P_2O_5）0.26～1.2kg、钾（K_2O）0.8～1.8kg。

一般吸收氮高峰期出现在 6 月中旬前后，此后吸收量下降，至晚秋又有回升，采果后到落叶前氮素又主要以铵态氮回流到树干、枝条和根系中。氮肥的最大效率期在花分化期。磷素参与各种代谢过程，在能量转换和传递中起着重要作用，对磷的吸收在生长初期达到高峰，此后一直保持在旺盛水平。钾虽不参与植物体内有机物的构成，但对提高果实品质有显著作用。苹果树对钾的吸收在生长前期逐步增加，至果实膨大期达到高峰，此后吸收量迅速下降，直至生长季节结束。按氮、磷、钾三要素来说，前期以吸氮为主，中后期以吸钾为主，磷的吸收全年比较平稳。苹果树的树龄不同，需肥规律也有一定差异。幼树需要的主要养分是氮和磷，成年果树对营养的需求主要是氮和钾。

2. 滴灌苹果施肥方案

（1）基肥　基肥是促进苹果生长和发育的基础，是果园最重要的施肥方式，为增加树体营养的储存，宜于 9 月下旬至 10 月底施入，此时温度适宜，土壤墒情好，有利于肥料的吸收和利用，一定要抓住良机施足基肥，晚熟品种应带果施肥。落叶后冬施或春施基肥，对当年开花、坐果、新梢旺长等均起不到作用。很多专家强调：秋施基肥是"金"，冬施基肥是"银"，春施基肥是"破铜烂铁"。基肥采用"环状沟施法"，幼树每 $667m^2$ 施优质厩肥 1 000kg＋磷酸二铵 500g，沟宽 40～60cm，深 60～70cm，逐年向外扩展。结果树每 $667m^2$ 施厩肥 2 500kg＋磷酸二铵 20kg，沟宽 40～50cm，深 40～50cm。

（2）追肥　主要分 3 个时期：萌芽、花芽分化、果实膨大肥，重点是果树萌芽和花芽分化肥，占总追肥量的 60％。萌芽前追肥可促进果树萌芽、开花、提高坐果率和促进新梢生长，一般以氮肥为主，磷肥为辅，氮用量：成龄树每 $667m^2$ 40kg，幼树 20kg。在花芽分化及果实膨大期，以磷、钾肥为主，氮肥为辅。果实膨大期追肥可增加苹果产量和果实含糖量，成龄树按每 $667m^2$ 70kg 硫酸钾、5kg 磷酸一铵进行施用。在果实生长后期，应以磷、钾为主，以利增色和增加营养贮备，提高硬度。

模式十 滴灌大枣水肥一体化技术

一、滴灌大枣管网布设

目前，采用最多的是自压式软管滴灌系统，利用渠系自然落差产生的压力，通过塑料软管输水，以微水流进行灌溉的滴管方式。系统具体布置为：渠水—沉淀池—过滤网—管—肥罐—支管—毛管（单管或双管）。选用内镶圆柱式滴灌管，滴头间距 50cm 或者 75cm，壁厚 1.2mm，外径为 16mm，流量 2.7L/h。单根毛管在满足设计均匀度的条件下，设计长度为 60m，毛管进口所需工作压力为 1MPa。建议盛果期枣树种植株行距 1.5m×4m，距离枣树树干 60cm 处两边铺设滴灌管，毛管间距为（1.2+2.8+1.2）m。干管、支管均选择 0.6MPa 的 PVC 管，毛管选择 0.4MPa 的 PE 管。

二、滴灌大枣需水规律及灌溉方案

1. 滴灌大枣需水规律

枣树幼龄期（1~3 年树龄），全年每 667m² 灌水定额 300m³，盛果期（4 年以上树龄），每 667m² 全年灌水定额 450m³。枣树滴灌需水规律，总的特点是随着生育进程的渐进需水量增加，坐果期达到高峰，后熟期逐渐下降。萌芽期（4 月中旬）气温较低，枣树蒸腾耗水只用于营养器官的生长发育，主要以棵间蒸发为主，耗水强度较小，耗水占耗水总量的 13.9％左右。枝叶生长期（4 月下旬至 5 月初）气温升高，枣树新梢、叶片迅速生长，耗水强度逐渐提高，耗水占耗水总量 20.8％。开花坐果期（5 月下旬至 7 月上旬）枣树对水分比较敏感，耗水强度较大，花期耗水占耗水总量 25％，坐果期耗水占耗水总量 29.2％。果实膨大期的耗水强度为 4.78~7.33mm/d。果实白熟期（8 月下旬至 9 月上旬）树枣耗水强度第二次达到高峰，耗水强度为 8.52~9.21mm/d。果实成熟期（9 月中下旬）大枣主要积累糖分，含水量逐渐降低，耗水强度相应减少。枣树开花坐果期、果实膨大期耗水量最大，因此花期尤其是从盛花期到果实膨大期这一阶段，合理匹配水资源是实现大枣高产优质的基础和关键。

2. 滴灌大枣灌溉方案

枣树全生育期灌溉总量依地区、土壤、树体不同有一定的差异。壤土地 8～10 次，沙土地 15～20 次，砾石地 20～30 次，每次灌量 15～25m³。

整个生育期内滴灌大枣需水量呈现先升高再降低趋势，耗水强度随灌溉量增加而增加，开花坐果期与果实白熟期分别为大枣的 2 个需水高峰期。滴灌枣园一般萌芽期土壤水分上下限控制在田间持水量的 65%～85%，坐果期控制在 50%～70%，新梢生长期控制在 60%～80%，花后期控制在 65%～85%，坐果期控制在 65%～85%，后熟期控制在 50%～60%，可较好满足各生育期对水分的要求。

三、滴灌大枣需肥规律及施肥方案

1. 滴灌大枣需肥规律

枣树在年生长周期中，随枣叶萌发，对氮和磷的吸收逐渐增加，在果实膨大期达到吸收高峰，随后开始降低；对钾肥的吸收在萌芽开花期需要量相对少，坐果后明显增加。红枣生育期对氮肥的消耗主要集中在开花期和脆熟期最高；对磷肥的消耗主要在开花期和果实膨大期，增施一定量的氮、磷肥不仅可以促进树体开花及后期的坐果率，对提高果实品质有显著的作用。而钾肥的消耗在开花后主要影响到果实品质的形成。每形成 100kg 鲜枣所需养分一般为纯 N 2.0～3.0kg、P_2O_5 1.3～2.0kg、K_2O 1.6～2.4kg，N：P_2O_5：K_2O＝1：0.65：0.81，对氮、磷、钾的吸收总量为 N＞K＞P。

2. 滴灌大枣施肥方案

施肥必须掌握枣树的需肥时期，只有适期施肥才能有效发挥肥效，有利于促进生长，提高产量及品质，有利于提高肥料利用率。以每 667m² 产 1 500kg 为例，全年施 N、P_2O_5、K_2O 共 110kg，氮、磷、钾的比例 1：0.65：0.81。其中基肥投入占全年总量的

40%左右，其余在生长季随水滴入，共分 5~8 次（表 7 - 15）。

表 7 - 15　滴灌枣树合理施肥方案

各生育期	展叶期	新梢生长期	花期	坐果期	后熟期	合计
施氮占追肥总量（%）	40	20		40		100
施磷占追肥总量（%）	30		40		30	100
施钾占追肥总量（%）	30		30	40		100

（1）施基肥　以有机肥为主，再混合少量氮、磷化肥，在施肥时需挖掘 40cm 左右的深沟进行施肥。施基肥一般分为 2 次，第一次是在枣果采收后，为增加树体的贮藏营养，应争取早施秋季基肥。从枣果成熟期至土地封冻前均可进行，以枣果采收后早施为好。第二次是在翌年的 4 月。

（2）花期追肥　枣树的花芽为当年分化、多次分化、随生长随分化，分化时间长、数量多。因此枣树开花时间长，消耗营养多，若营养供给不足，会造成大量落花落果，同时为了补充树体营养元素，叶面喷施 3~5 次枣树专用肥，也可喷施 0.3%~0.5%的磷酸二氢钾和尿素稀释液，提高坐果率和产量。

（3）促果肥　花期追肥和促果肥追肥分别在 6 月上中旬和 7 月上中旬。

（4）成熟期追肥　8~9 月追肥对促进果实成熟前的增长、增加果实重量及树体营养的积累尤为重要，后期追肥可喷施氮肥并配合一定数量的磷、钾肥，可以延迟叶片的衰老过程，提高叶片光和效能，为后期营养累计创造条件。

模式十一　日光温室滴灌番茄水肥一体化技术

一、日光温室滴灌番茄管网布设

日光温室内番茄种植一般为南北向，种植田块东西向长，南北向短，滴灌支管东西向布置，其长度与日光温室的长度相同；毛管南北向布置（与种植方向一致），其长度一般为6～8m。采用单翼迷宫式滴灌带及配套滴灌设施，1.5～2.5L/h 种植模式为"1 垄 1 膜 2 行 2 管"。南北向起垄栽培，垄宽60cm，沟宽40cm，垄高20cm，株距0.4m，行距0.3m，每667m² 定植 2 000～2 500 株，起垄铺滴灌带后，铺宽 1.2m 地膜，滴灌系统安装完毕试水后待定植。

二、日光温室滴灌番茄需水规律及灌溉方案

1. 滴灌番茄需水规律

日光温室滴灌番茄需水强度随着生育期的推进呈现先增大而后缓慢减小的过程，进入开花坐果期和成熟采摘期，营养生长与生殖生长同时进行，需水量较大，为温室滴灌番茄需水关键期。

2. 滴灌番茄灌溉方案

水分是番茄的重要组成部分，果实有90％以上的物质是水分，番茄植株高大，叶片多，果实多次采收，对水分需求量很大，因此要求土壤湿度为65％～85％。

温室番茄定植后立即灌定苗水，并于定植后 7d 灌 1 次缓苗水，缓苗水与定苗水每667m² 分别灌20m³，全生育期共灌水 13 次，每667m² 灌溉定额为370m³，单次灌水定额 30m³，灌水周期为 7d。

三、滴灌番茄需肥规律及施肥方案

1. 滴灌番茄需肥规律

番茄对养分的吸收量在定植前吸收较少，定植后随生育期的推进，吸收量逐渐增加，从第一穗果膨大开始，养分吸收量迅速增加，第一穗果以后，氮、磷、钾的吸收量占总吸收量的70％～90％。番茄不同生育期对养分的吸收量不同，在幼苗期以氮营养为主，坐果开始，对氮、磷、钾的吸收量迅速增加，氮在三要素中占50％，而钾占32％，到结果盛期氮只占36％，而钾占50％，磷的吸收量占10％。

生育期内番茄对氮、磷、钾三元素的吸收，对钾的吸收量最大，总吸收量接近氮素的1.5倍，番茄的需钾特点是从坐果开始一直呈直线上升，果实膨大期的吸收量占吸收总量的70%以上，在营养生长期，70%的钾集中在叶片内，结果期60%的钾分布在果实内，因此，番茄叶片的缺钾症，主要在果实膨大以后表现出来，为了避免缺钾而影响番茄的产量和品质，在果实膨大期追施钾肥非常重要。

2. 日光温室滴灌番茄施肥方案

（1）产量目标和基本情况 每667m² 产7 000～8 000kg。中等肥力，基施优质有机肥2 000kg。

（2）使用专用肥的型号 尿素N46%；60%大量元素水溶肥料：N-P₂O₅-K₂O=6-30-30；有机水溶肥料：有机质25%，N-P₂O₅-K₂O=4-13-11。

（3）使用时期及数量（表7-16）

表7-16 滴灌番茄施肥方案

滴水次数	施肥时间	每667m² 施肥量	每667m² 滴水量
定植水		尿素1kg＋水溶肥1kg＋有机肥1kg	20m³
1水	间隔6～8d	尿素2kg＋水溶肥2kg＋有机肥2kg	20m³
2水初花	间隔6～8d	尿素3kg＋水溶肥3kg＋有机肥2kg	30m³
3水	间隔6～8d	尿素3kg＋水溶肥3kg＋有机肥2kg	30m³
4水果膨大	间隔6～8d	尿素3kg＋水溶肥3kg＋有机肥2kg	30m³
5水盛果	间隔6～8d	尿素3kg＋水溶肥3kg＋有机肥2kg	30m³
6水	间隔6～8d	尿素3kg＋水溶肥3kg＋有机肥2kg	30m³
7水	间隔6～8d	尿素3kg＋水溶肥3kg＋有机肥2kg	30m³
8水	间隔6～8d	尿素3kg＋水溶肥3kg＋有机肥2kg	30m³
9水	间隔6～8d	尿素3kg＋水溶肥3kg＋有机肥2kg	30m³
10水	间隔6～8d	尿素3kg＋水溶肥3kg＋有机肥2kg	30m³
11水	间隔6～8d	尿素2kg＋水溶肥2kg＋有机肥2kg	30m³

（续）

滴水次数	施肥时间	每667m² 施肥量	每667m² 滴水量
12 水	间隔 6～8d	尿素 2kg＋水溶肥 2kg＋有机肥 2kg	30m³
总计		尿素 34kg、水溶肥 34kg、有机肥 25kg	370m³

（4）注意事项

①灌水间隔时间按具体基质情况确定，要肥水同进，少量多次，以满足番茄的生长需要。

②肥料加入施肥罐，在一次滴灌延续时间的中间时段施入，球阀开启先小后大，注入量尽量少，保持均匀。杜绝快速注入，施肥不匀。

③可根据番茄的长势，可适当对施肥的用量进行调整。

④注重微量元素和钙的补施。

模式十二　日光温室滴灌辣椒水肥一体化技术

一、日光温室辣椒管网布设

日光温室内辣椒种植一般为南北向，种植田块东西向长，南北向短，滴灌支管东西向布置，其长度与日光温室的长度相同；毛管南北向布置（与种植方向一致），其长度一般为 6～8m。采用单翼迷宫式滴灌带及配套滴灌设施，1.5～2.5L/h 种植模式为"1 垄 1 膜 2 行 2 管"。南北向起垄栽培，垄宽 60cm，沟宽 40cm，垄高 20cm，株距 0.3m，行距 0.3m，每 667m² 定植 2 500～3 000 株，起垄铺滴灌带后，铺宽 1.2m 地膜，滴灌系统安装完毕试水后待定植。

二、日光温室滴灌辣椒需水规律及灌溉方案

1. 滴灌辣椒需水规律

日光温室滴灌辣椒需水强度随着生育期的推进呈现先增大

而后缓慢减小的过程，进入开花坐果期和成熟采摘期，营养生长与生殖生长同时进行，需水量较大，为温室滴灌辣椒需水关键期。

2. 滴灌辣椒灌溉方案

水分是辣椒的重要组成部分，果实有 90% 以上的物质是水分，辣椒植株高大，叶片多，果实多次采收，对水分需求量很大，因此要求土壤湿度为 65%～85%。

温室辣椒定植后立即灌定苗水，并于定植后 7d 灌 1 次缓苗水，缓苗水与定苗水分别每 $667m^2$ 灌 $20m^3$，全生育期共灌水 13 次，每 $667m^2$ 灌溉定额为 $315m^3$，单次灌水定额为 $25m^3$，灌水周期为 9d。

三、滴灌辣椒需肥规律及施肥方案

1. 滴灌辣椒需肥规律

从生育初期到果实采收期，辣椒所吸收的氮、磷、钾等营养物质的数量也有所不同：从出苗到现蕾，植株根少、叶小，需要的养分也少，约占吸收总量的 5%；从现蕾到初花植株生长加快，植株迅速扩大，对养分的吸收量增多，约占吸收总量的 11%；从初花至盛花结果是辣椒营养生长和生殖生长旺盛时期，对养分的吸收量约占吸收总量的 34%，是吸收氮素最多的时期；盛花至成熟期，植株的营养生长较弱，养分吸收量约占吸收总量的 50%，这时对磷、钾的需要量最多；在成熟果采收后为了及时促进枝叶生长发育，这时又需要大量的氮肥。

2. 日光温室滴灌辣椒施肥方案

（1）产量目标和基本情况　每 $667m^2$ 产 5 000kg，中等肥力，基施优质有机肥 2 000kg。

（2）使用专用肥的型号　尿素 N46%；60% 大量元素水溶肥料：$N - P_2O_5 - K_2O = 6 - 30 - 30$；有机水溶肥料：有机质 25%，$N - P_2O_5 - K_2O = 4 - 13 - 11$。

（3）使用时期及数量（表 7-17）

表 7-17 滴灌辣椒施肥方案

滴水次数	施肥时间	每 667m² 施肥量	每 667m² 滴水量
定植水		尿素 1kg＋水溶肥 1kg＋有机肥 1kg	20m³
1 水	间隔 8~10d	尿素 3kg＋水溶肥 3kg＋有机肥 2kg	20m³
2 水初花	间隔 8~10d	尿素 3kg＋水溶肥 3kg＋有机肥 2kg	25m³
3 水	间隔 8~10d	尿素 3kg＋水溶肥 3kg＋有机肥 2kg	25m³
4 水果膨大	间隔 8~10d	尿素 3kg＋水溶肥 3kg＋有机肥 2kg	25m³
5 水盛果	间隔 8~10d	尿素 3kg＋水溶肥 3kg＋有机肥 2kg	25m³
6 水	间隔 8~10d	尿素 3kg＋水溶肥 3kg＋有机肥 2kg	25m³
7 水	间隔 8~10d	尿素 3kg＋水溶肥 3kg＋有机肥 2kg	25m³
8 水	间隔 8~10d	尿素 3kg＋水溶肥 3kg＋有机肥 2kg	25m³
9 水	间隔 8~10d	尿素 3kg＋水溶肥 3kg＋有机肥 2kg	25m³
10 水	间隔 8~10d	尿素 3kg＋水溶肥 3kg＋有机肥 2kg	25m³
11 水	间隔 8~10d	尿素 2kg＋水溶肥 2kg＋有机肥 2kg	25m³
12 水	间隔 8~10d	尿素 2kg＋水溶肥 2kg＋有机肥 2kg	25m³
总计		尿素 35kg、水溶肥 35kg、有机肥 25kg	315m³

（4）注意事项

①要肥水同进，少量多次，以满足辣椒的生长需要。

②肥料加入施肥罐，在一次滴灌延续时间的中间时段施入，球阀开启先小后大，注入量尽量少，保持均匀。杜绝快速注入，施肥不匀。

③可根据辣椒的长势，适当对施肥的用量进行调整。

④可结合生物防治补施微量元素。

第八章　水肥一体化案例介绍与分析

案例一　砧木矮化密植苹果灌溉系统案例分析

1. 项目背景

（1）项目单位基本情况　苹果在我国已有两千多年的栽培历史。西汉司马相如的《上林赋》中："樗奈厚朴"。其中"奈"多数学者认为就是后来的绵苹果，即中国苹果的古称。目前中国苹果主要产区分布在：渤海湾产区、西北黄土高原产区、黄河故道和秦岭北麓产区、西南冷凉高地产区。砧木矮化集约高效栽培是世界苹果产业发展的方向。苹果矮化栽培模式具有树冠矮小、通风透光，管理方便、节省劳力，便于标准化作业、易于标准化生产，结果早、产量高、品质好、见效快等优点，是目前世界苹果生产先进国家普遍采用的栽培模式。

海升集团位于古城西安，是全球最大的浓缩苹果汁、浓缩梨汁供应商，是国家级农业产业化重点龙头企业，于 2005 年在香港上市。海升现代农业是海升集团下属全资子公司，其宝鸡市千阳基地是规模化、机械化、集约化、标准化于一体的现代化苹果种植园区，计划三年时间投资 3.5 亿元逐步建成高标准化苹果示范园。

园区果树部分是从国外引进的"矮化自根砧苗木"，采用密植栽培模式，每棵树可以产 40kg 苹果，每 667m² 产量可达到 6～8t，比传统果园高出 3～4 倍；管理采用机械疏花、机械喷肥、机械采果、中央计算机管理水肥一体化灌溉技术，很少使用人力作业，极大地降低了果品生产的劳动强度，提升了产业发展的整体效益。

（2）项目地情况简介　海升现代农业千阳基地位于宝鸡市千阳县南寨镇，地处陕西关中西陲，位于北纬 34°34′34″～34°56′56″，东经 106°56′15″～107°22′31″。南寨镇地势平坦，交通便利。冬春季气候干燥，多扬沙、浮尘天气，秋季多雨天气，湿度大。多年平均降水量 627.4mm，根据 1960—2000 年的气象资料，最多年降水量 924.3mm（1964 年），最少 378.9mm（1995 年），干旱指数 1.0～1.5，气候偏干旱。千阳县年蒸发量为 855.71mm，气候干燥，降水不均，属于北温带大陆性季风半湿润气候，日照温差大，是果品最佳适生区，素有"宝鸡优果之乡"的美称。多年平均气温为 10.9℃，无霜期 197d。

水源主要来源于远距离水库地面水，引水到地块，设置蓄水池，并结合采用地下水源作为补充水源。项目区种植进口矮化密植苹果，种植株行距为 1.0m×3.5m，每 667m² 100～120 株。而目前国内常见的苹果种植栽培的株距 2.5m，行距 3.5m～4.0m（图 8-1）。

图 8-1　矮化密植苹果行株距

2. 灌溉系统方案主要设计思路

该项目地是目前全国最大的矮化苹果栽培基地，将采用规模化作业、标准化生产及管理，具有很强的示范和推广效应。一期实施面积 133.3hm²，后续扩展到 666.7hm²，对于种植、管理、使用及后期的维护管理都提出了较高的要求。在整个设计思路上，我们重点关注了五个方面的要求：设备的耐久性、控制的智能化、数据采集的流水化、系统监测的自动化和用户使用的简单化。

苹果树生长时间对水分需求有几个关键时期：萌芽期；开花期；春梢生长和幼果彭大期（此期为需水临界期）；果实迅速膨大

期；果实采收前后及封冻前。整个生长期从每年的 3 月开始到 11 月结束，时间跨度比较大，由于项目地多年降水在月份上分布不均，灌溉保证率就非常重要，根据多年降水情况，在设计上充分考虑苹果种植期的需水规律来指导灌溉系统设计保证率。

砧木矮化密植种植苹果，属多年生作物。第二年就可挂果，第五年进入丰果期，挂果期 5～10 年，对水肥要求比较严格。考虑后续管理、产品维护、多年使用、野外使用环境等要求，在灌水器选择上采用了多年使用、抗紫外线、抗堵塞性能强、内镶圆柱式压力补偿滴灌管。田间电磁阀采用玻璃纤维加强尼龙阀体，水力性能及抗冻性好，在布线上考虑后期管理及维修便利，采用解码控制器，实现二线布置，整个系统采用双绞线地埋铠装电缆。

控制系统采用了 TORO 公司的 SENTINAL 中央计算机控制系统，该系统软件为中文界面，采用 UHF 及 SIM 无线控制模式，为以后基地种植扩大提供扩展端口，可以采集气象数据、流量传感器及田间传感器数据并进行分析，根据管理要求指导灌溉，满足客户用水管理要求。

在灌溉系统检测中，利用分布在各首部系统的流量传感器实时监测管路系统流量变化、各分区用水量分析，并提醒用户监测管路运行情况。提供最小流量警报、流量异常、过流警报、电流过载警报，满足了日常管理过程中的警报实时监测。在管路系统保护中，分区设置了安全阀门及进排气阀，确保系统运行安全。

采用 Sentinel 手持无线遥控器可用来改变卫星站的工作状态，通过该手持设备，可启动或关闭单个站点或灌溉程序。在无线遥控操作中，卫星站可处于正常模式或安全模式。在正常模式下，不论编号是多少，所有的卫星站都可对手持无线遥控器发出的命令作出反应；在安全模式下，与上述情况不同，只有指定的控制器对无线遥控器命令作出反应。这样水管理人员就可以分区进行田间管理及维护工作，最远距离可达 5km，大大加强了使用的便利性。

在施肥管理上，目前苹果种植中主要用肥：基肥（有机肥）、氮肥、磷肥、钾肥或现在使用比较频繁的复合肥、配方肥或叶面喷肥，结合灌溉使用的主要是氮、磷、钾肥。设计上也考虑到施肥频率及用量，采用注入式施肥器，满足生长期的施肥要求。

3. 灌溉模式及参数选择

根据项目地情况、种植模式及管理要求，在灌溉产品选型上做了充分的比较和选择。灌溉方式采用局部灌溉的滴灌方式。考虑到种植地形、系统造价等要素，灌水器选择压力补偿式滴头。设计上充分利用压力补偿滴灌管的铺设长度，内镶柱状滴头结构稳定、性能独特的紊流流道设计，以及抗堵塞性能。采用了 TORO 公司 Drip in 内镶圆柱式压力补偿滴灌管，滴灌管沿种植行铺设，每行铺设一条滴灌管。根据项目地情况，滴头设计工作压力为 $1.0 kg/cm^2$，单滴头设计流量为 2.0L/h，滴头间距 50cm，滴灌管最大布设距离可达 175m，压力损失在 250 kPa，外径 16mm，壁厚 1.0mm。

由于缺乏项目地实测资料，基础设计参数的选择主要综合考虑种植结构、管理要求、就近实验数据及规范要求等。苹果树设计耗水强度采用了西北农林科技大学水土保持专业相关实验研究，取设计耗水强度为 $E_a=3.0mm/d$；株行距为 $1m \times 3.5m$，采用滴灌模式，每行树布置一条滴灌管，取设计土壤湿润比为 $p=40\%$，计划土壤湿润层深度为 40cm；设计灌水均匀系数满足规范要求，取 $C_u=0.90$，灌溉水利用系数 $\eta \geqslant 0.90$。

系统水源，采用远距离管网输水到地头，设置调蓄水池。水泵选择了清水离心泵，过滤器设置 2 级，第一级选择 ALLTOP 砂石过滤器，第二级采用 ALLTOP 网式过滤器，采用自动反冲洗控制（可选择压差模式、时间模式开启）。

在施肥装置选择上，考虑生产过程中的施肥种类、施肥量、施肥频率等条件。根据生产上的数据经验，高产稳产苹果园每生产 100kg 苹果，约需施入纯氮 1.12kg、五氧化二磷 0.48kg、氧化钾 1kg。砧木矮化每 $667m^2$ 产量可达到 6~8t，需水量比较大且频繁，在施肥上采用了外部注入式施肥装置，采用机械隔膜计量泵。主要性能参数：单头最大流量在 2 100L/h，最高排出压力 9.0 Bar，调节比在 10：1，稳态精度 ±2%，吸入提升高度可达 2.5m。

4. 中央计算机控制模式选择

由于项目地块比较分散且互相之间有一定的距离，为了分散和集中管理的兼容，采用了中央计算机管理系统，中央机房安排在3km之外的管理办公室，每个首部系统设置一套田间控制器，中央机房同田间控制器采用 UHF 和 SIM 通信，田间控制器与电磁阀之间采用二线控制器。

SENTINEL 智能灌溉管理系统将智能技术、计算机应用技术、气象数据检测技术应用于种植园区的灌溉信息管理和运行决策。系统根据实时气象数据按需灌水，比简易控制方式节水 20％～25％，与手动系统相比较，节水效果达 25％～45％。在合理利用天然降雨的同时，系统实现流量管理和分区灌溉，避免过量灌溉，确保每种植物获得需要的水量（图 8-2）。

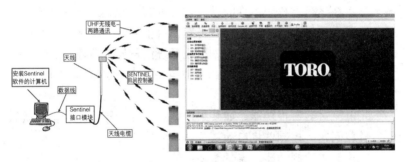

图 8-2　中央计算机控制系统

（1）中央计算机系统具有下列功能

①中文操作界面，实时的使用帮助功能。

②自动进行流量管理，使系统在最高效的工况下运行。

③灌溉可通过 ET 值（由气象站采集）自动调节灌水延续时间；但可设最小 ET 值，以保证最小灌水深度；也可在程序中根据各电磁阀后的植物情况和土壤情况进行修正灌水比例。

④全天候（24h）监控并记录所有工作数据，自动产生工作报告。

⑤可连接 ET 传感器（或气象站）、流量传感器、风速传感器、冰点传感器、湿度传感器和雨量传感器等。

⑥具有 MAP TO 功能，即在田间控制器下连接子控制器系统。

（2）该系统具有的能力

①流量管理能力。流量管理监控和排序阀门运行，使系统不超过预期的设计流量，流量管理，尤其对多站灌溉运行管理，可以缩短总得运行时间和灌溉窗口。对于本果树滴灌项目，通过流量管理设置，能自动限制和防止每条管路的过载流量，减少压力损失，使系统压力稳定，灌溉系统均匀，缩短运行时间。

②流量监测功能。利用流量传感器监测田间水力状况，实时检查破裂的管道、人为破坏或阀门跑漏等。如果发现系统问题的位置，可以单独关闭阀门或发出警告。

③流量报价功能。最小流量警报可促使控制器关闭主要的出水口，以避免水泵受到损坏；过流警报在流量菜单正确设置后，如果某个站点在运行过程中出现问题，如出现管路破裂或首部破裂等情况，造成水量异常损失，控制器将发出警报。当多个站点同时运行时，其中的一个站点发生故障，造成系统流量异常，控制器会逐个关闭站点并检查流量状况，直到故障点或相关站点被确认并关闭，其他站点将继续正常工作。

④电流过载警报功能。如果某个站点存在会导致保险丝熔断的电力过载问题，控制器将启动相关站点的电流过载警报。

⑤流量图绘制功能。流量图是系统当前运行站点的流量大小过程图，流量图显示的逐分流量过程图，以便操作者浏览，必要时修改灌溉制度；为客户的后续管理提供参考和用水便利。

5. 结语

参与实施的海升现代农业千阳矮化密植苹果种植基地，2012年已经完成了一期灌溉工程 133.3hm²，2013 年完成了二期灌溉工程 100hm²。这些项目的取得，经历了严格的市场调查、品牌选择、技术方案竞争、价格考评及公司综合实力等方面的调研，最后由北京东方润泽生态科技股份有限公司提供设备选型、技术解决方案及灌溉工程施工等交钥匙工程。

在产品选择上采用进口和国产技术相互融合，为客户提供本土化水肥一体化解决方案。灌水器及自动控制部分采用 TORO 中央计算机控制技术,首部系统采用国产 ALLTOP 产品,实现了水肥一体化管理,重点关注了设备的耐久性、控制智能化、数据采集的流水化、系统监测的自动化和用户使用的简单化。

在当前农业现代化大背景下,随着土地流转的加快及大资本的进场,农业将向规模化、专业化、机械化发展,做大、做强、做长是现代农业的三大目标。作为农业发展基础部分,水、肥等要素的技术提供,特别结合目前的互联网(尤其是移动互联网)、大数据时代的到来,在灌溉的设计、选型、管理上,多从客户角度出发,更多关注用户使用情况,分析客户需求,结合技术要求,提供整套的适用性水肥一体化解决方案是可行的。不单单考虑前期投资,而更应该综合考虑后续的使用成本及维护成本,利用数据来说服用户。

案例二 大田滴灌玉米水肥一体化案例

1. 项目背景

(1) 项目区域基本情况 新疆生产建设兵团第六师 105 团位于五家渠西北 56km。东起小东沟与六道湾煤矿副业连相接,西与111 团场、芳草湖农场六分场相连,南与共青团农场富强分场相邻,中间插有乌鲁木齐市商业局牧场。平均宽度 12km,东南至西北长 35km。团部驻地五家渠市枣园镇,现有土地总面积23 733.3hm²,可耕地 13 333.3hm²,适合棉花、小麦、玉米、番茄、西甜瓜等作物的种植,适合棉花、小麦、玉米、番茄、西甜瓜等作物的种植。105 团重视农业"三大基地"建设,在兵团内部率先实现规模化自动化灌溉节水农业,实现大面积和大规模提高农业生产效益,建成兵团高标准节水灌溉示范基地 3 333.3hm²,农业机械化率达到95%以上。

(2) 项目区简介 105 团驻地位于亚欧大陆腹地,属中温带大陆性气候,干旱、低温,光照时数多,昼夜温差大,气温变化剧

烈。年均气温 6.5～8℃，最高气温 40～42℃，最低气温－43～
－38℃。年均降水量 116～228mm，且分布不均匀，年蒸发量
2 000mm，蒸降比 16（>10）；无霜期 167～179d，年日照 2 600～
3 200h。土壤为灌耕灰漠土，土壤质地为黏壤土，为灌溉农业土。
2001 年 105 团在第六师率先示范推广滴灌技术，截至目前，全团
已累计推广节水灌溉面积 7 666.7hm²，普及率达到 97.5%，农业
灌水利用系数达到 0.85。灌溉水源采用井渠水灌溉结合的方式灌
溉，春季出苗水采用井水灌溉，后期灌溉主要水源为天山融雪形成
的渠水。

2. 玉米水肥一体化思路

玉米采用宽窄行进行播种，窄行中间用于铺设滴灌带，根据土
壤质地选择滴管带滴头流量，统一滴出苗水；尽量延迟第一水灌溉
时间，直至玉米幼株上部叶片卷起，随水滴施玉米滴灌专用肥Ⅰ；
在小喇叭口期至抽穗期，保持土壤含水量在田间最大持水量的
70%～80%，随水滴施玉米滴灌专用肥Ⅱ（32－15－6.5）15kg 左
右；在开花期至乳熟期，保持土壤含水量在田间最大持水量的
80%～90%，随水滴施玉米滴灌专用肥Ⅲ（33－14－6）10～15kg；
蜡熟期土壤含水量保持在田间最大持水量的 60%～70%；完熟期
以后土壤含水量控制在田间最大持水量的 65%以下；玉米茎秆通
过机械粉碎，整地，还田。

3. 玉米水肥一体化技术具体实施方式

下面结合具体实例作进一步详细描述。

实施时间：2014 年。前茬为棉花，冬前进行耕地整理。

玉米品种：先玉 335。

地膜：选用厚度为 0.008mm 的普通聚乙烯薄膜。

滴灌带：选用单翼迷宫式滴灌带，规格 300－2.8/2.4；内径
16mm；壁厚 0.18mm；滴孔间距 300mm；工程流量 2.8L/h（新
疆农垦科学院农试场）和 2.4L/h（105 团）。

支管：选择 75 # 的 PE（聚乙烯）黑管水带。

肥料：选用新疆农垦科学院农业新技术推广服务中心生产的玉

米专用滴灌肥Ⅰ型（36-8-6）、Ⅱ型（32-15-6.5）、Ⅲ型（33-14-6）。

实施步骤：

（1）播种与出苗水灌溉 玉米采用40cm+80cm不等行间隔进行播种；窄行中间用于铺设滴灌带，一管两行，滴管带流量2.4L/h；2013年4月20日播种完成后，4月24日统一滴出苗水，灌水量16m³，湿润锋超过玉米播种行18cm，5月4日玉米出苗。

（2）出苗后第一水的灌溉与调控 6月13日，直至玉米幼株上部部分叶片卷起，土壤含水量低于田间最大持水量的62%，进行灌溉，根据土壤墒情每667m²滴水35m³；滴清水2h以后，随水滴施玉米滴灌专用肥Ⅰ（36-8-6）8kg。

（3）生育中期肥料施用与灌溉调控 在6月25日每667m²灌水33m³；7月4日每667m²灌水36m³，随水滴施玉米滴灌专用肥Ⅱ（32-15-6.5）6.5kg；7月15日每667m²灌水36m³，随水滴施玉米滴灌专用肥Ⅱ（32-15-6.5）9kg。在大喇叭口期和抽穗期通过滴灌灌溉，土壤含水量一直保持高于田间最大持水量的70%，每667m²共灌水105m³，降雨19m³，施用玉米滴灌专用肥Ⅱ（32-15-6.5）15.5kg。

（4）生育中后期肥料施用与灌溉调控 在7月27日每667m²灌水32m³，随水滴施玉米滴灌专用肥Ⅲ（33-14-6）4kg；8月6日每667m²灌水36m³，随水滴施玉米滴灌专用肥Ⅲ（33-14-6）6kg；8月13日每667m²灌水36m³，随水滴施玉米滴灌专用肥Ⅲ（33-14-6）2kg。在开花期至乳熟期通过滴灌灌溉土壤含水量一直保持高于田间最大持水量的80%，每667m²共灌水104m³，降雨15m³，施用玉米滴灌专用肥Ⅲ（33-14-6）12kg。

（5）收获前的水肥管理 8月26日每667m²灌水22m³，9月5日以前土壤含水量保持在田间最大持水量的65%左右，9月5日以后禁止灌水，土壤含水量一直保持在控制在田间最大持水量的60%以下。

（6）2014年9月27日，新疆生产建设兵团科技局及新疆农垦科学院科研处组织有关专家，对滴灌玉米示范田进行了产量测定，专家组按照农业部玉米高产田间测产验收方法和标准，对滴灌玉米高产示范田进行了实地勘查，随机抽取 5 个样点，每点取 66.67m² 进行实地测产；籽粒含水量用国家认定并经校正的种子水分测定仪（PM-5 013）测定。按国家玉米标准含水量 14.0％计算出实际产量。测产结果如下：小区平均实收鲜果穗重每 667m² 230.17kg，含水率为 36.6％，平均鲜出籽率为 82.39％，每 667m² 计算实产 1 398.02kg。

案例采用统一滴水出苗解决长势不一致的问题；采用延迟第一水（出苗水除外）灌溉时间，促进滴灌玉米根系生长，解决倒伏问题；通过滴灌专用肥和不同氮、磷、钾配比解决了棉区玉米栽培氮、磷、钾不平衡问题和各生育期营养需求不同的问题；最终实现滴灌—随水施肥条件下玉米生产的高产、优质、节水、节肥的目的。另外宽窄行栽培，可以使用自走式高秆作物喷杆喷雾机喷洒农药防治虫害，减少自然灾害对玉米生长的影响，克服玉米拔节后玉米螟、棉铃虫、蚜虫、叶蝉和红蜘蛛发生较重对产量的影响。

4. 实效益分析

2013—2015 年在第六师 105 团建立项目核心示范区滴灌玉米面积分别为 46.7hm²、266.7hm²、170hm²，累积 483.3hm²，每 667m² 平均单产分别为 1 123.8kg、1 115.6kg、1 020.3kg，项目区每 667m² 平均单产分别为 1 036.9kg、1 032.8kg、826.1kg，分别较项目区平均单产增产 8.38％、8.02％、23.51％，其中 2014 年核心示范田经新疆生产建设兵团科技局组织专家测产产量达到每 667m² 1 398kg，超额完成预期目标。在第六师 105 团、第八师 144 团、石河子总场、第四师、第七师、第九师、第十师及克拉玛依、博尔塔拉蒙古自治州、塔城、阿勒泰等地示范推广 38 200hm²，平均每 667m² 产 1 012kg，较非项目区每 667m² 增产玉米 152kg，增产 17.7％。

案例三　大田滴灌小麦水肥一体化案例

1. 项目背景

（1）项目区域基本情况　新疆生产建设兵团第六师105团位于五家渠西北56km。具体介绍参见大田滴灌玉米水肥一体化案例。

新疆生产建设兵团第八师148团位于石河子市以北80km处，团部驻玛纳斯县西营镇。该团以生产棉花、小麦、玉米、甜菜、大豆为主；盛产品质优良的长绒棉，年产皮棉达10 000t。全团良种覆盖率达到100％、100％实行高密度栽培、100％实行精量播种、100％实现节水灌溉、100％实现测土配方施肥、100％综合防治病虫害。

（2）项目区简介　105团简介具体介绍参见大田滴灌玉米水肥一体化案例。148团位于古尔班通古特沙漠南缘，属中温带大陆性气候，干旱、低温，光照时数多，昼夜温差大，气温变化剧烈。研究区域属于典型的温带大陆性气候，年均气温6.1℃，年平均降水量117mm且分布不均匀，蒸发量1 942mm，蒸降比16.6（＞10），土壤为灌耕灰漠土，土壤质地为壤土，为灌溉农业，全团节水灌溉面积达到100％，农业灌水利用系数达到0.85。灌溉水源采用井渠水灌溉结合的方式灌溉，春季出苗水采用井水灌溉，后期灌溉主要水源为天山融雪形成的渠水。

2. 小麦水肥一体化思路

播种与出苗水灌溉：春小麦采用不等行的方式播种；生育前期肥料施用与灌溉调控；生育中期肥料施用与灌溉调控；在拔节后期，通过滴灌灌溉保持土壤含水量在田间最大持水量的70％～80％；生育后期肥料施用与灌溉调控；生育晚期收获前的水肥管理；选用小麦收获机进行收获，地表剩余上茬作物秸秆通过机械粉碎并与表土混合均匀，还田。

3. 小麦水肥一体化技术具体实施方式

春小麦品种：2013年105团选择新春38号，2014年148团新春 6 号。

滴灌带：选用单翼迷宫式滴灌带，规格 300 - 2.8/2.4；内径 16mm；壁厚 0.18mm；滴孔间距 300mm；工程流量 2.4L/h（105 团）和 2.8L/h（148 团）。

支管：选择 75 # 的 PE（聚乙烯）黑管水带。

肥料：选用新疆农垦科学院农业新技术推广服务中心生产的小麦专用滴灌肥 I 型（氮：磷：钾重量配比为 34：10：6）、II 型（氮：磷：钾重量配比为 32：15：6.5）。

105 团实施实例：

（1）播种与出苗水灌溉 春小麦采用 20cm ＋ 13.3cm ＋ 13.3cm ＋ 13.3cm 不等行间隔进行播种；两行中间用于铺设滴灌带，一管四行，滴灌带流量 2.4L/h；2013 年 3 月 23 日播种完成后，3 月 25 日统一滴出苗水，灌水量 31m³，4 月 6 日春小麦全部出苗。

（2）生育前期肥料施用与灌溉调控 在 4 月 25 日每 667m² 灌水 48m³，随水滴施小麦滴灌专用肥 I 型 6kg；5 月 9 日每 667m² 灌水 38m³，随水滴施小麦滴灌专用肥 I 型 8kg。在分蘖期和拔节期通过滴灌灌溉，土壤含水量一直保持高于田间最大持水量的 70% 左右，每 667m² 共灌水 86m³，降雨 21m³，施用小麦滴灌专用肥 I 型 14kg。

（3）生育中期肥料施用与灌溉调控 在 5 月 18 日每 667m² 灌水 35m³，随水滴施尿素 3kg；在拔节后期通过滴灌灌溉，土壤含水量一直保持高于田间最大持水量的 75% 左右，每 667m² 共灌水 35m³，降雨 12m³。

（4）生育后期肥料施用与灌溉调控 在 5 月 25 日每 667m² 灌水 33m³，随水滴施小麦滴灌专用肥 II 型 9kg；6 月 3 日每 667m² 灌水 45m³，随水滴施小麦滴灌专用肥 II 型 14kg；6 月 12 日每 667m² 灌水 42m³，随水滴施小麦滴灌专用肥 II 型 5kg。在孕穗期至开花期，通过滴灌灌溉保持土壤含水量在田间最大持水量的 75% ～ 90%，每 667m² 共灌水 120m³，降水 28m³，施用小麦滴灌专用肥

Ⅱ型 28kg。

（5）生育晚期收获前的水肥管理　6月22日每 667m² 灌水 30m³，6月30日以前土壤含水量保持在田间最大持水量的 75% 左右，7月5日以后禁止灌水，土壤含水量一直保持在田间最大持水量的 65% 以下。

（6）收获后的水肥管理　2013年7月10日，新疆生产建设兵团科技局组织有关专家，对第六师 105 团滴灌小麦高产示范田进行田间测产。专家组对其中的 3.67hm² 高产示范田进行了田间测产，采用田间随机取样方式，共选取 12 个样点，取样面积 0.666m²（1.11m 长，行距 0.15m，共 4 行），测定每 667m² 穗数，并脱粒计产；随机选取 20 穗测定穗粒数，实测千粒重。样点实收产量每 667m² 平均 665.9kg，按 13% 水分折算，按 2% 去除杂质，预计实际每 667m² 产 645.9kg。经考种，每 667m² 收获穗数 40.7 万穗，穗粒数 33.5 个，实测千粒重平均 57.37g（按 13% 水分折算），按 85% 收获率计算，理论每 667m² 产 662.4kg。

148 团滴灌小麦实施案例：

（1）播种与出苗水灌溉　春小麦采用 16.5cm＋14.5cm＋14.5cm＋14.5cm 不等行间隔进行播种；两行中间用于铺设滴灌带一管四行，滴灌带流量 2.8L/h；2014年3月26日播种完成后，3月29日统一滴出苗水，灌水量 40m³，4月10日春小麦全部出苗。

（2）生育前期肥料施用与灌溉调控　在4月27日每 667m² 灌水 40m³，随水滴施小麦滴灌专用肥Ⅰ型 5kg；5月9日每 667m² 灌水 46m³，随水滴施小麦滴灌专用肥Ⅰ型 9kg。在分蘖期和拔节期通过滴灌灌溉，土壤含水量一直保持高于田间最大持水量的 70% 左右，每 667m² 共灌水 96m³，降雨 16m³，施用小麦滴灌专用肥Ⅰ型 14kg。

（3）生育中期肥料施用与灌溉调控　在5月18日每 667m² 灌水 28m³，随水滴施尿素 3kg；在拔节后期通过滴灌灌溉，土壤含水量一直保持高于田间最大持水量的 75% 左右，每 667m² 共灌水 28m³，降雨 10m³。

（4）生育后期肥料施用与灌溉调控　在 5 月 27 日每 667m² 灌水 40m³，随水滴施小麦滴灌专用肥Ⅱ型 8kg；6 月 5 日每 667m² 灌水 43m³，随水滴施小麦滴灌专用肥Ⅱ型 13kg；6 月 17 日每 667m² 灌水 45m³，随水滴施小麦滴灌专用肥Ⅱ型 4kg。在孕穗期至开花期，通过滴灌灌溉保持土壤含水量在田间最大持水量的 75%～90%，每 667m² 共灌水 128m³，降雨 18m³，施用小麦滴灌专用肥Ⅱ型 25kg。

（5）生育晚期收获前的水肥管理　6 月 26 日每 667m² 灌水 25m³，6 月 30 日以前土壤含水量保持在田间最大持水量的 75% 左右，7 月 1 日以后禁止灌水。

（6）收获后的水肥管理　2014 年 7 月 3 日，新疆生产建设兵团科技局及新疆农垦科学院科研处组织石河子大学、新疆农业科学院及石河子农业科学研究院等单位有关专家，对 148 团 6 连 22♯ 地，（面积 4.53hm²）进行了产量测定。专家组采用田间随机取样方式，共选取 9 个样点，取样面积 0.666m²（1.11m 长，行距 0.15m，共 4 行），测定每 667m² 成穗数，随机选取 20 穗测定穗粒数，实测千粒重。测产结果：该田每 667m² 收获穗数 41.81 万穗，穗粒数 38.5 个，千粒重平均 47.0g（取本地近三年平均值），按 85% 收获率计算，理论每 667m² 产量 643.1kg。

采用实施案例中的水肥管理方法，不等行种植，增加边行土壤含水量；通过滴水出苗解决长势不一致的问题；采用滴灌专用肥解决氮、磷、钾不平衡问题；通过不同氮、磷、钾配比解决各生育期营养需求不同的问题；最终实现滴灌—随水施肥条件下春小麦生产的高产、优质、节水、节肥以及水肥资源高效的目的。

4. 实效益分析

2013 年，在 105 团建立 20hm² 小麦核心示范区，经新疆生产建设兵团科技局组织专家测产产量达到每 667m² 645kg，超额完成预期目标，突破新疆北疆地区春小麦大田种植的最高单产；在奇台农场、166 团、奇台县、额敏县等地示范 1 200hm²，平均每 667m² 产 560kg。2014 年，在 105 团建立小麦核心示范区面积 100hm²，平均每 667hm² 产 576kg；示范区面积 800hm²，平均每 667m² 产 518kg，较非项目区增产 36kg；在奇台农场、168 团、额敏县、奇台县等地示范 5 866.7hm²，平均单产 566kg。2015 年，在第六师 105 团建立小麦核心示范区面积 204hm²，平均每 667m² 产 585kg；示范区面积 993.3hm²，平均每 667m² 产 514kg，较非项目区每 667m² 增产小麦 41kg，增产 8.7%；在第六师奇台农场建立小麦核心示范区面积 66.7hm²，平均每 667m² 产 620kg；示范区面积 2 066.7 hm²，平均每 667m² 产 521kg，较非项目区每 667m² 增产小麦 34kg，增产 7.0%；在第九师 164 团、166 团、168 团、昌吉地区奇台县和吉木莎尔县、塔城额敏县和塔城市等地示范 15 266.7hm²，平均每 667m² 产 526kg，较非项目区每 667m² 增产小麦 41kg，增产 7.8%。

案例四　景讷坝香蕉基地灌溉系统案例分析

1. 项目背景

（1）项目单位基本情况　景洪市联大农业发展有限责任公司主要从事于蔬菜水果种植、销售，农产品加工。现在云南省景洪市景讷乡有 50hm² 左右农产品种植基地，该项目种植香蕉。项目地块位于景讷乡，景讷乡东与普文镇、大渡岗乡接壤，南连勐养镇，西以澜沧江为界，毗邻澜沧县和勐海县，北接普洱市思茅地区。

（2）项目区背景介绍　基地的地形为台地，所处位置为南亚热带半湿润西南季风气候，热量丰富，水湿条件较好，干湿季明显，冬暖多雾。年降水量 1 300~1 500mm，雨季集中在 6~10 月，年日照 1 357.7h，年平均温度 20.4℃；地势呈东北部高西北部低，最高海拔 1 800m，最低海拔 560m，平均海拔 890~940m。水源为山洪河沟水引入自建蓄水池。土壤以红壤为主，土层深厚达 1m 以上，经多年耕作，土壤理化性良好，有机质含量 4% 以上，全氮 0.16%~0.48%，自然肥力高，pH 4.5~6。

项目地种植香蕉，香蕉种植行距 2.5m，株距 2m。

（3）项目承担单位背景介绍　宁夏景润工程技术有限公司位于

宁夏回族自治区银川市，是由资深专业人员组建而成，企业主要从事园林机械销售，水肥一体化设备销售，园林绿化设计、施工、养护、苗木、花卉销售等。公司设计力量雄厚、施工技术高超、实践经验丰富，为行业培养了一大批水肥一体化技术的专业化人才。2015—2017 年，在河北保定成功建设了 200hm² 的园林苗圃的水肥一体化自动滴灌系统；2015 年，公司与上海润绿喷灌喷泉公司合作，成功实施了陕西海升集团甘肃天水和陇南 73.3hm² 山地矮化密植苹果水肥一体化自动灌溉系统；2015 年，公司实施了西双版纳景洪市 50hm² 香蕉山地水肥一体滴灌项目；2017 年，公司在重庆市建设了 66.7hm² 蓝莓的水肥一体化的滴灌系统。

2. 水肥一体化初步设计方案

（1）技术参数选择　根据 L207-98《节水灌溉技术规范》、SL103-95《微灌工程技术规范》、GB 5084—92《农田灌溉水质标准》以及国内外滴灌技术发展积累多年的经验，各技术参数定为如下各值：微灌土壤湿润比 $P=40\%$；微灌水利用系数 $\eta=0.9$；设计灌水均匀度 $E_u\geqslant92\%$；设计湿润深度 $Z=0.40m$；设计日耗水强度 $E_a=5mm/d$

（2）工程设计任务　选择合理的滴灌方式；对灌水小区和各级管道进行合理布局；进行轮灌区划分，系统水力计算，给出流量、压力需求；灌溉系统首部枢纽设计。

（3）滴灌带选择及布置　根据客户要求，香蕉灌溉方式采用的滴灌带为国产优质产品，滴头流量 3.0L/h，间距 0.3m，壁厚 0.3mm。使用年限为 4～5 年；铺设长度可达 70m 以上；香蕉树采用每行铺设一条滴灌带；滴灌面积 50hm²。

（4）过滤系统　选用目前世界农业灌溉系统中最为先进的全自动反冲洗式—叠片式过滤器的过滤系统。该类系统具有坚固耐用、过滤性能可靠、自动化程度高、自冲洗彻底、程序设置简单、易于维护的特点。

（5）施肥系统　采用混凝土浇筑水肥池，以电动机驱动搅拌水肥，增压泵将水肥注入主管道（图 8-3）。

图 8-3　混凝土浅筑水肥池

3. 水肥一体化工程

水肥一体化工程流程如图 8-4 所示。

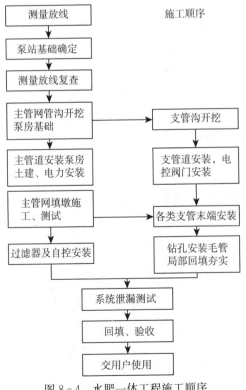

图 8-4　水肥一体工程施工顺序

（1）放线总原则 桩间距控制在 50m，若出现障碍物或转折点必须增加桩点；每隔 200m 在桩顶部设置标旗，若出现障碍物或转折点必须增设标旗；检修阀、泄水阀、限压阀、管道及镇墩用不同石灰线和标记进行区分；与甲方人员共同协商，对管线不能经过的范围（如地下管道等）进行划定，并打桩用石灰线圈定；放线由专人负责，与设计工程师密切配合和磋商以确定灌溉系统排列的方式；放线过程中对原设计的任何修改必须与设计工程师协商后方可确定。

（2）管沟开挖和回填

①堆土：挖掘出来的土方不论是否用于回填均应堆置于距沟缘 45cm 以外的地方，并禁止双面堆土；如遇"上土下石"的土层结构时，表层土置于近处，将来优先回填。

②主管沟开挖要求：土方区采用梯形断面，沟底宽应比管径大 150mm，沟深应保证管上净高 800mm；石方区采用矩形端面，沟宽应比管径大 100mm，沟深应保证管上净高 400mm；遇见古树或建筑物（放线时已标定），必须再次征得设计工程师确认，方可开挖；如有特殊障碍如树木或电杆等，无法保证梯形断面的稳定，则应使用简易挡土措施。

③支管沟开挖要求：尽量减少对已有地被的破坏，最大沟宽控制在 300mm 以内，深度 400mm。

④管沟回填要求：在管子铺设之前，如果遇到非土质沟底时，必须在沟底铺一层 100mm 厚的沙土或有机质土，方可铺管。在回填物中不应有直径大于 50mm 的砾石、卵石及废建筑材料等的硬质东西。

⑤夯实要求：逐层夯实；层间平压式夯实时，层厚不超过 300mm；用滚轮式机械压实时，层厚不超过 450mm。

（3）管道铺设要求 严格遵照 GBJ 85—85《喷灌工程技术规范》的安装要求进行各级管道铺设；在每天工作的最后，每个末端开口的管都应堵上并在地面标明位置，以防异物进入管子或管子被移动；不得有任何 PVC 管暴露在地表；若 PVC 管线需要从地面跨越障碍物，则用相同管径的镀锌钢管代替暴露部分，PVC 管与钢管之间用法兰连接。

（4）镇墩要求　混凝土镇墩设置在易受水力冲击的主管各点上，用以平衡冲击力。也就是说，在主管的所有弯头、三通、变径（变大或变小）、堵头、各种阀门处都应浇注混凝土镇墩；在主管直管段每隔 70～80m 设置一个混凝土镇墩，以消除管线充压工作时的摆动。镇墩基础必须是基土或基岩；若为填方土，必须夯实后才能浇注；镇墩必须浇铸完 24h 后，方可进行管道试压。

（5）进排气阀安装　在系统主管路的高处、驼峰处或主管路的末端位置安装进、排气阀，所有进、排气阀需要通过一个闸阀后再连接到主管路。所有进、排气阀均用阀门箱保护。

（6）检修阀安装　所有检修阀下部应砌筑阀墩，阀墩顶面应作成弧面与阀体紧密接触；打压试验完成后，将阀体直接埋入土中，留出开关手柄；所有检修阀上部均用阀门箱保护。

（7）滴灌带的铺设　按照香蕉树的行，每行铺设一根滴灌带；当滴灌管不够长时，可用直通来连接；滴灌带和 PVC 管之间用专用接头来连接，同时需安装一根盲管，盲管的长度由沟的深度而定；滴灌带的末端需试水、冲洗后再加封闭，采用折叠＋套管的方式封闭管路末端。

（8）首部设备的安装　首部主要设备是水泵和过滤器，安装严格按照厂家提供的图纸和标准进行。

4. 实施效果分析

该项目在水肥一体化设备总共投资 49.5 万元，平均每 667m² 投资 660 元。实施后取得了以下成效。①通风透光，营造良好的田间小气候，创造夜露效果，增加昼夜温差，提高果品质量；②提高果品产量，降低果品前后大小不一致、作物高矮不一致现象；③系统可靠性高，管理维护方便；④省肥，减轻土壤板结，保护环境，水肥不渗漏，少用农药，不会出现深层渗漏，省工，节能；⑤减少病虫害。

整体上讲，滴灌施肥技术比喷水带灌溉和撒肥处理节水、节肥、省工都在 70％以上，增产 30％以上，且果品品质明显提高，市场价格提高 20％。

5. 案例推广应用情况

该项目在经过一年使用后，得到使用者的认可，提高了产品的附加值，使得其他种植香蕉户也来参观学习，在当地起到了示范效果的作用。

案例五　猕猴桃水肥一体化案例

一、总论

猕猴桃是一种多年生攀缘性落叶藤本果树，猕猴桃有"四喜"（喜温暖、喜潮湿、喜肥、喜光）；"三怕"（怕旱涝、怕强风、怕霜冻）。猕猴桃的根为肉质根，喜湿怕涝，适应温暖、湿润的微酸性土壤，但又害怕湿度过大、酸度或碱度过强、透气性差、过分干旱、贫瘠的土壤条件。猕猴桃的叶片大，蒸腾作用强，需水量大，植株易出现缺水，因此保持土壤有效持水量，对于猕猴桃正常生长具有重要意义。在土壤肥力低下的条件下，合理施肥对猕猴桃的增产效果明显。当土壤自身肥力增加时，灌水对猕猴桃增产效果越来越明显；水肥一体化技术就是运用以肥控水、以水调肥的水分和养分耦合过程来实现灌溉和施肥同步。

二、项目概况

该项目位于我国猕猴桃主栽区陕西省周至县九峰镇西安猕猴桃试验站。地理位置 34°3′49.54″N，108°26′41.44″E，年平均气温 13.2℃，年均降水量 660mm，年日照时数为 1 867.5h，土壤为壤土，容重 1.3g/cm³，该地区属暖温带大陆性季风气候。

项目设计参数：

面积：3.67hm²；株 × 行距：1m × 3.5m；最大需水量：4.5mm/d；湿润深度：20cm；灌水均匀度：90％；灌溉水利用系数：95％；滴灌土壤湿润比：60％。

三、规划设计

整体上，根据地形、地块、作物品种等将全园划分为三个轮灌组，每组 1.33hm² 左右，规划建设深水井 1 口，经过潜水泵提升增压后，进入灌溉管网，水溶肥经过耐特菲姆施肥机与灌溉水一起进入管网，通过灌水器进行灌溉施肥。首部设计有过滤系统，将水源的水进行过滤后进入灌溉管网系统。根据种植行向及地形，布置管网走向，配置整个灌溉系统。灌溉系统包括：首部增压设备、过滤设备、施肥设备、灌溉管网、灌水器及其自动控制系统。设计图如下图 8-5 所示。

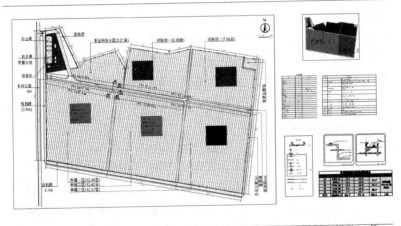

图 8-5 规划设计图纸

1. 泵房首部

潜水泵（$Q=40\text{m}^3/\text{h}$，$H=60\text{m}$）通过变频控制系统使其成为恒压供水系统，经过离心过滤器，将水中的沙粒和其他较重的杂质分离；再经过阿速德 203（$3\times2''$，120 目）自动反冲洗过滤器使进入灌溉系统的水达到滴灌要求，并配有快速泄压阀和空气阀，保证系统安全运行。

2. 管网及灌水器

主管道采用 De90 耐压 1.0MPa 的 PVC－U 给水管；支管道采用 De63 耐压 0.63 MPa 的 PVC－U 给水管；毛管选用耐特菲姆 DRIPNET PC 16010 压力补偿滴灌管，滴灌管外径 16mm，滴头间距 50cm，壁厚 1.0mm，滴头流量 2.0L/h。考虑到猕猴桃需水量大，成树根系较宽，直径达 1.5m 左右，滴灌管沿行向采用单树行双滴灌管布置，距树干 30～50cm，可随树龄的增大适当调整。最大铺设长度在 120m 以内。

3. 控制及施肥系统

施肥系统采用耐特菲姆的滴肥佳 3G 施肥机，三个肥通道，每个通道最大流量 600L/h，配三个 1 000L 的带搅拌 PE 肥料桶；一个酸通道，最大流量 150L/h，可通过自带 pH/EC 检测仪控制加酸量来调节灌溉水和土壤 pH，以达到猕猴桃所需的弱酸土壤环境。滴肥佳 3G 施肥机可通过水量、肥量、时间、pH、EC 值等来调整制定灌溉施肥方案。田间首部采用耐特菲姆 2″电磁阀＋碟片过滤器＋空气阀＋真空阀组合，有效防止主管水锤及毛管负压的发生。

四、灌溉施肥制度

根据猕猴桃的生长习性及最大需水量、灌溉强度等，确定灌溉周期为 1d。保持土壤最大持水量为 65％～80％；土壤持水量低于 60％时，应及时进行灌水；萌芽前后、花前、花后、果实膨大期、果实生长后期、冬季休眠期应根据土壤含水量各灌水一次；但开花期应控制灌水，以免降低地温，影响花的开放；果实迅速膨大期根据土壤湿度灌水 2～3 次；果实采收前 15d 左右应停止灌水；越冬前灌一次封冻水。

猕猴桃生长旺盛，枝叶繁茂，结果多而早，每年要消耗大量的养分，而土壤中有效养分难以满足其生长需求，应及时准确地掌握其需肥特性，根据猕猴桃需肥规律，结合土壤养分测试，确定施肥方案。由于滴灌管的特殊性，必须选用全水溶性肥料，避免堵塞滴头。

很多肥料本身就是无机盐，当浓度太高时会"烧伤"根系，通过灌溉系统施肥一定要控制浓度，最准确的办法用施肥机的 EC 探头测定出口肥液的电导率，通常肥液电导率范围在 $1.0\sim3.0\text{mS/cm}$ 就是安全的，或者水溶肥稀释 $300\sim1\,000$ 倍（即每立方米水中加入 $1\sim3\text{kg}$ 水溶肥）是安全的。对于滴灌，由于存在土壤的缓冲作用，浓度稍高一点也没有坏处。

建议用肥方案如表 8-1：

表 8-1　建议用肥方案

施肥期	产品配方	每 667m² 用量	使用方法	说明
萌芽期 （萌芽前 10d）	30-10-10+TE	10kg	500～1 000 倍稀释，滴灌	春季土壤解冻、树液流动，树体开始活动，促进腋芽萌发和枝叶生长，提高坐果率
花前 （开花前约 7d）	10-30-10+2MgO+TE	5kg	500～1 000 倍稀释，滴灌	落花后 30～40d 是猕猴桃果实迅速膨大时期，此阶段果实生长迅速，体积增大很快，缺肥会使猕猴桃膨大受阻
花后 （落花后进行）	18+18+18+TE	10kg	500～1 000 倍稀释，滴灌	
果实膨大期 （落花后 20～30d）	黄金钾（腐殖酸≥40g/L，N+P₂O₅+K₂O≥200g/L）	18kg	500～1 000 倍稀释，滴灌	
	18+18+18+TE	10kg		
	10-5-24+12% 有机质+2MgO+TE	15kg		
优果期 （采收前 45d）	黄金钾（腐殖酸≥40g/L，N+P₂O₅+K₂O≥200g/L）	18kg	500～1 000 倍稀释，滴灌	使果实内部充实，增加单果重以及提高品质
	10-5-35+2MgO+TE	15kg		

五、灌溉施肥注意事项

1. 灌溉施肥基本流程

先滴 10～30min 清水，清洗管道及预湿润猕猴桃根部土壤；然后开始肥水一起滴灌，通常一次施肥时间控制在 1～2h（按设计的灌溉制度或实际情况）；施肥结束后要继续滴 10～30min 清水，将管道内残留的肥液全部排出，许多用户滴肥后不洗灌，最后在滴头处生长藻类及微生物，导致滴头堵塞。准确的滴清水时间可以利用施肥机的 EC（电导率仪）监控。

2. 雨季施肥注意事项

在雨季，同样要按计划施肥，一般等停雨后或土壤稍微干燥时进行。此时施肥一定要加快速度。一般控制在 30min 左右完成。施肥后不洗管，等天气晴朗后再洗管。如果能用电导率仪监测土壤溶液的电导率，可以精确控制施肥时间，确保肥料不被淋溶。

3. 整块地施肥结束后应进行施肥罐的清洗工作

冬季灌水完毕后，应打开管网最低处的排水阀，排空管道内积水；关闭施肥机进出水管道的阀门并打开施肥机上的取样阀，将管道内压力排除；松开施肥机管道低处的活接头，将管道内余水排空；将 EC/pH 探头从施肥机上松开，并将探头浸没在氯化钾溶液中，或将探头浸没在 pH＝4 的调试液里，切勿把探头暴露在干燥的环境中。

案例六 马铃薯水肥一体化案例

一、前言

围场满族蒙古族自治县年平均种植面积 26 666.7hm²，已形成 28 个种子基地村 12 181 个薯种户，年产种薯、商品薯 0.4kg。该县引进荷兰马铃薯精制加工成套设备，年产万 t 级国际特级淀粉的三九马铃薯淀粉有限公司已建成投产。马铃薯脱毒中心是国内从事马铃薯品种引进、繁育、科研的权威机构，实现了种薯、脱毒薯工厂化生产，可培育不同薯形、不同淀粉含量、不同成熟期的各类马铃薯新品种 200 多种。1999 年，围场被国务院命名为"中国马铃薯之乡"。

二、项目地情况简介

围场满族蒙古族自治县位于河北省承德市北部，地理坐标为东经 116°32′～118°14′，北纬 41°35′～42°40′，东、西、北三面分别与内蒙古的喀喇沁旗、赤峰市、克什克腾旗、多伦县接壤，西南和南面分别与丰宁满族自治县、隆化县相连。距承德市区 138km，距省会石家庄 643km，距首都北京 384km。县境东西长 138km，南北宽 118km，总面积 9 219km²。

围场满族蒙古族自治县地处内蒙古高原和冀北山地的过渡带，为阴山山脉、大兴安岭山脉的尾部与燕山山脉的结合部，地势西北高东南低，海拔高度 700～1 900m。年平均气温为 -0.50～6.00℃，年平均最高气温为 7.00～13.00℃，年平均最低气温为 -8～4℃；年极端最高气温为 39.40℃。年降水量为 300～560mm，降水主要集中在夏季，6～8 月降水量占全年降水量的 68%～72%，春季雨量较少，仅占全年降水量的 12%～15%。作物生育期间的降水量占全年的 85% 左右。年平均蒸发量为 1 491.1mm 左右；以

图 8-6　项目地情况

蒸发量和降水量之比来看，春季最大，蒸发量是降水量的 8～10 倍。滴灌规划地土质为暗棕壤土，土壤容重 1.29g/cm³，田间持水量 25.5%。土壤表土层养分含量较高，结构良好。历年最大冻土深 1.0m。

种植马铃薯，覆膜宽窄行栽培，行距为 85cm＋35cm，株距 25cm，一膜一管两行（图 8-6）。依据实践经验，得知该区膜下滴灌条件下马铃薯需水高峰期耗水强度月平均值为 $E_a=4.2mm/d$。

三、项目承担单位简介

京蓝沐禾节水装备有限公司创建于 2010 年，公司成立六年来，累计实施的节水灌溉面积超过 66.7 万 hm²，节水工程总承包规模和净利润水平连续多年居全国同行业领先地位，已成为中国智能、高效、生态节水灌溉整体解决方案提供商和运营商。沐禾节水为国家高新技术企业，拥有省级"院士专家工作站""企业研发中心""企业技术中心""工程技术中心"，建立了"高效节水技术研究院"；公司与中国农业大学、华南理工大学合作建立了"产、学、研、用"基地，与美国堪萨斯州立大学、美国南达科他州立大学建立了国际技术合作关系，与以色列、美国等国家的节水企业开展了广泛交流合作。

四、水肥一体化初步设计方案

1. 系统规划布置与初定参数

系统规模已定，$A=10.7hm^2$，水源为机井，日运行时间取 20h/d，灌溉水利用系数 $\eta=0.95$，$E_a=4.2mm/d$，$I_a=E_a=4.2mm/d$，代入下式计算出系统需流量：

$$Q=\frac{10I_aA}{\eta t_d}=\frac{10\times4.2\times10.7}{0.95\times20}=23.58(m^3/h)$$

现有潜水泵流量为 30m³/h，可满足此要求。

2. 工程规划布置

（1）水源工程　本滴灌系统的水源为机井，水质符合农田灌溉水质标准，可用于滴灌，水量可满足总的灌水量要求（系统总供水流量的确定见水量平衡分析）。

（2）首部枢纽　为便于运行管理，首部位置定于机井所在位置。首部枢纽设备分别采用潜水电泵、离心过滤器、叠片自动反冲洗过滤器、文丘里施肥器（安装在叠片过滤器前面），首部装有压力表、进排气阀、闸阀、水表等设备和仪表（图8-7）。

图8-7　首部枢纽

（3）输配水管网　根据条田宽度，本工程输配水管网采用支管轮灌的系统模式，由主干管、分干管、支管、辅管、毛管组成，主干管、分干管采用0.63 MPa的PVC-U管以地埋形式铺设；支管、毛管铺设于地面，支管选用"Φ63薄壁PE管"，辅管选用"Φ32薄壁PE管"，毛管见灌水器（图8-8）。

图8-8　输配水管网

（4）灌水器。本系统毛管采用单翼迷宫式滴灌带，沿种植方向一管两行布置，铺设间距120cm，其参数见表8-2。

表8-2　滴灌带参数

额定工作水头 h（m）	10	滴头间距 S_e（m）	0.3
额定流量 q（L/h）	2.4	毛管布设间距 S_L（m）	1.2
毛管内径 d（mm）	16	流态指数	0.5

采用上述滴灌带，其滴灌强度 ρ 为：$\rho = \dfrac{q_d}{S_t S_e} = \dfrac{2.4}{1.2 \times 0.3} = 6.67mm/h < \rho_允 = 12mm/h$。满足设计要求。

3. 初定参数

（1）流量偏差率 $[q_v]$　根据《微灌工程技术规范》4.0.6条规定，灌水器设计流量允许偏差率应不大于20%，本工程取 $q_v = 20\%$。

（2）水头偏差率 h_v　$x=0.5$，$[q_v]=0.2$，代入下式得：

$$h_v = \frac{1}{x}q_v(1+0.15\frac{1-x}{x}q_v) = \frac{1}{0.5} \times 0.2 \times$$
$$(1+0.15 \times \frac{1-0.5}{0.5} \times 0.2) = 0.412$$

（3）土壤湿润比 p　依据《微灌工程技术规范》4.0.2，土壤湿润比 p 取65%。

（4）设计最大毛灌水定额 m_{max}　$\gamma=1.29g/cm^3$，z 按马铃薯生长情况取0.5m，$p=65\%$，$\theta_{max}=90\% \times 25.5\%=22.95\%$，$\theta_{min}=65\% \times 25.5\%=16.58\%$，$\eta=0.95$，依据下式计算最大毛灌水定额 m_{max}。

$m_{max} = 0.1\gamma zp（\theta_{max} - \theta_{min}）/\eta = 0.1 \times 1.29 \times 0.5 \times 65 \times（22.95 - 16.58）/0.95 = 27.58mm = 18.4m^3$（每667$m^2$）此灌水定额为设计最大毛灌水定额，即马铃薯生长期最高灌水定额。

（5）设计灌水周期 T　$m=27.58mm$，$I_a=4.2mm/d$，$\eta=0.95$，依据下式计算。

$$T = \frac{m}{I_a}\eta = \frac{27.58}{4.2} \times 0.95 = 6.24\mathrm{d}, \text{取设计灌水周期 } T = 6\mathrm{d}。$$

（6）一次灌水延续时间 t　$m = 27.58\mathrm{mm}$，$S_e = 0.3\mathrm{m}$，$S_t = 1.2\mathrm{m}$，$q_d = 2.4\mathrm{L/h}$，代入下式计算：

$$t = \frac{mS_eS_t}{q_d} = \frac{27.58 \times 0.3 \times 1.2}{2.4} = 4.1(\mathrm{h}/\text{组})$$

4. 毛管的水力设计

（1）灌水小区允许压力偏差 $[\Delta h]$

$$[\Delta h] = [h_v]h_d = 0.412 \times 10 = 4.12(\mathrm{m})。$$

（2）毛管允许水头偏差　小区允许水头偏差在支管和毛管间分配，分配比例取 $\beta_2 = 0.5$ 和 $\beta_3 = 0.5$。毛管允许水头偏差 $[\Delta h_2]$ 为：

$$[\Delta h_2] = \beta_2[\Delta h] = 0.5 \times 4.12 = 2.05(\mathrm{m})。$$

（3）毛管极限孔数和极限长度

① 毛管极限孔数 N_m 计算。

$k = 1.1$，$[\Delta h_2] = 2.05\mathrm{m}$，$d = 16\mathrm{mm}$，$S_e = 0.3\mathrm{m}$，$q_d = 2.4\mathrm{L/h}$，依据下式计算：

$$N_m = INT(\frac{5.446[\Delta h_2]d^{4.75}}{kS_eq_d})^{0.364} =$$

$$INT(\frac{5.446 \times 2.05 \times 16^{4.75}}{1.1 \times 0.3 \times 2.4^{1.75}})^{0.364} = 248(\text{个})$$

②毛管极限长度 L_m。

$S_e = 0.3\mathrm{m}$，$N_m = 248$，代入下式：

$$L_m = S_e(N_m - 1) + S_0 = 0.3 \times (248 - 1) + 0.15 = 74.25(\mathrm{m})$$

5. 管网布置与系统工作制度的确定

（1）管网布置

① 毛管、支管。毛管沿马铃薯种植方向直线布置。支管一般垂直于毛管布置，间距是由毛管的实际铺设长度限定的；根据地块长度，沿垂直作物种植方向布设4列支管，毛管双向铺设，支管间距100m，则毛管长度为50m。

② 干管。依据作物种植方向确定了毛管和支管布设后，结合

水源位置合理布设分干管和干管。

五、水肥一体化工程实施过程

针对该地区目前生产当中化肥大量使用，肥效利用率低等问题，通过采用膜下滴灌节水灌溉技术，实现马铃薯水肥一体化生产，提高肥料利用效率（图 8-9）。指导农民实施随水施肥技术，改变原来的"一炮轰"种植习惯，根据土壤及马铃薯龄期所需 N、P、K 不同含量，进行随时补充，使得肥料高效利用减少肥料深层渗漏及土壤残留。

（1）水肥一体化系统基本建设。

（2）培训水肥一体化系统使用技术。

（3）指导用户灌溉施肥技术。

图 8-9　马铃薯水肥一体化生产

六、实效益分析

（1）经济效益　项目建成后，项目区内马铃薯平均每 $667m^2$ 产量达 4 000kg，增产 900kg，商品率达到 98% 以上；平均每 $667m^2$ 用水量 $120m^3$，节水 40%～50%，节约 180 元；无公害农药平均每 $667m^2$ 用量 0.8kg，节药 15%～30%，节约 70 元；平均每 $667m^2$ 化肥用量 120kg，节肥 40%～50%，节约 120 元；平均每 $667m^2$ 用电量 20 千瓦·时，节电 40%～50%，节约 20 元。平均每 667m² 节省人工 2 个，节约 200 元。每 667m² 节本 590 元，增效 1 200 元，节本增效 1 710 元。项目完成后，项目区内总增产 5 万 t，总节水 900 万 m³，总节药 15t，总节肥 6 000t，总节工 7.5 万个。节本 2 550 万元，总增效 6 000 万元，总节本增效 8 550 万元。

（2）生态效益　项目区内使用 0.01mm 厚的农膜，鼓励农民施用农家肥与水肥一体化技术相结合。水肥一体化技术是将灌溉与施肥融为一体的农业新技术，是借助压力系统，将可溶性固体或液体肥料，按土壤养分含量和作物种类的需肥规律和特点，配兑成的肥液与灌溉水一起通过可控管道系统供水、供肥，使水肥相融后，通过管道和滴头形成滴灌、均匀、定时、定量，浸润作物根系发育生长区域，使主要根系土壤始终保持疏松和适宜的含水量，同时根据不同作物的需肥特点、土壤环境和养分含量状况、作物不同生长期需水、需肥规律情况进行不同生育期的需求设计，把水分、养分定时定量，按比例直接提供给作物，减少水、肥、药用量，低碳环保，提高资源利用率，减轻农业面源污染，保护自然生态资源，涵养水源，生态效益突出。

（3）社会效益　现代农业生产马铃薯产业发展集中多个项目技术成果，节省大量人力、物力和财力，有利于马铃薯生产大户、马铃薯加工企业、马铃薯种子企业、农膜回收加工企业、农机合作社等社会化服务组织发展壮大，有利于马铃薯产业基地建设，为建成马铃薯高标准生产基地，提升粮食生产能力，带动更多农民增产增收。三效合一，有效减少农业面源被污染。

案例七　沃柑水肥一体化案例

一、沃柑介绍

"沃柑"是"坦普尔"橘橙与"丹西"红橘杂交种，生产中可选用香橙、红橘、枳、枳橙做砧木，香橙嫁接主要特点是长势快、产量高，枳的特点是口味好，抗旱能力强。沃柑长势强，果实挂树时间长，对肥水的需求量较大，生产中应充分满足沃柑对各种营养元素的需要，提倡多施有机肥、合理施用无机肥和配方肥料，并根据叶片分析结果、果园土壤分析结果、沃柑物候期等指导施肥。在紫色土、贫瘠坡地上种植应加强对土壤的改良，多施有机肥和磷、钾肥，适量补充锌、镁肥，保证叶片叶色浓绿。沃柑丰产性较强，果实冬季落果少，挂树性能优良，果实采果期长，种植中要求土壤土层深厚、肥沃；土壤 pH 在 5.5～7.0；果园地势坡度低于 25°。园地规划时，应有必要的道路、排灌、蓄水和附属建筑设施。

二、沃柑产业园基本介绍

来宾海升现代柑橘产业园由来宾海升农业公司投资建设，位于广西来宾高新区（来华管理区）国营凤凰华侨农场内，占地 200hm²。来宾市位于广西壮族自治区中部，气候温和，雨量充沛，年平均降水量 1 360mm，降雨主要集中在 4～8 月，占全年的 70% 左右，5 月降水量最多，1 月降水量最少。

产业园建设定位为：国内一流、世界先进；信息化管理、机械化作业；优质高产、省工高效、生态环保。产业园具有独特的先进性；独特的滴灌、行长、排水及起垄规划；独特的品种优化与配置；精准的水肥管理系统。

园区主要栽种柑橘品种为沃柑，引进了 W. 默科特、金块、探戈等新品种。

三、沃柑产业园水肥管理介绍

沃柑种植采用超宽行距、起垄种植技术，行距 6m，垄间形成平整浅沟，四季生草，用于排水和机械道作业。

产业园灌溉方式为滴灌，首部使用 2 台水泵将蓄水池的水加压，经过滤之后进入地埋主管道。过滤采用进口自动反冲洗砂石及叠片两级过滤系统，以避免堵塞灌水器。

施肥采用三台进口比例施肥器，分别将三个肥料桶的肥液按照设定比例混合后进入主管道。每个 PE 肥料桶顶部均带不锈钢搅拌设备，以加速肥料溶解、提高均匀性；每个肥料桶底部通过UPVC

管与水力驱动的比例注肥泵连接，实现连续按比例注入肥液。肥液与灌溉水一起，由灌溉管道输送至田间（图 8-10）。

图 8-10　沃柑产业园水肥管理

主要肥料种类为德博含腐殖酸液体肥，其有效成分为：腐殖酸 ≥100g/L、N：50g/L、Ca：40g/L、Mg：20g/L。

灌水器采用进口压力补偿式滴灌管，滴头流量 2L/h，滴头间距 50cm。该选择主要考虑滴头的抗堵塞性能及压力补偿功能。

为监测土壤墒情及气象信息，产业园安装了智能的土壤墒情监测仪（智墒）和全电子气象站（天圻），以获得沃柑"ET"根系深度及分层比例、土壤有效储水量、土壤蓄水潜力、降雨情况以及未来参考蒸发蒸腾量等（图 8-11），用以指导灌溉决策。

来宾产业园控制系统为"智能灌溉＋"中央控制系统。控制器采用 Insentek 智能生态网关，即云衍（图 8-12）。云衍安装在首部泵房，通过有线方式连接水泵变频柜、超声波流量计，实现水泵的远程启闭、流量及流速的实时计量；通过双绞线与田间的解码器

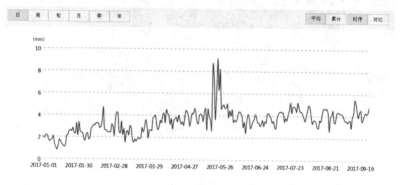

图 8-11 来宾产业园参考蒸发蒸腾量 ET_0

相连，实现轮灌组划分、控制；通过无线方式与智墒、天圻连通，实现基于作物需求出发的闭环灌溉。

云衍平台为"E生态"，它是一个集数据查看、存储、分析、下载以及可视化模块的数据平台，功能丰富、操作便捷，数据安全。用户可以直接通过微信公众号"E生态"进入"智能灌溉＋"，进行云衍及入网设备的管理，如灌溉应用下载、灌溉管理、用户控制权限管理等。

云衍具有极强的扩展性，自带8路DI、8路DO、8路AI以及两路AO，提供有线/无线的诸多接口，可以满足绝大部分产品的部署应用。用户可按照自身需求自行开发多种应用；云衍按照用户

图 8-12　云衍平台

的设计运行，应用于不同的场景。

四、沃柑产业园建设推广

项目的建设及运行逐渐形成了特定柑橘品种在特定地域的灌溉规律、施肥规律，由此可带动周边乡镇和农民发展，计划在未来十年建设规模为 20 000hm² 的现代化柑橘果园，打造广西最大的精品特色柑橘生产基地。

案例八　紫花苜蓿喷灌水肥一体化案例

一、紫花苜蓿介绍

紫花苜蓿为豆科、苜蓿属多年生草本，根粗壮，深入土层。苜蓿是需水较多的植物，水是保证高产、稳产的关键因素之一。苜蓿喜水，但不耐涝，特别是生长中最忌积水，连续淹水 3～5d 将引起根部腐烂而大量死亡，种植苜蓿的地块一般地下水位不应高于 1m，所以种植苜蓿的土地必须排水通畅，土地平坦。苜蓿根部有根瘤，具固氮能力，除播种当年由于苗期根瘤菌未形成前施少量氮肥（每 667m²3～5kg），以及在每年返青和刈割后及部分弱苗每 667m² 追施尿素

5～6kg外，其余时间可以不施氮肥，但应注意磷、钾肥的施用。

首蓿收割期为现蕾末期到初花期，即目测有10％的首蓿开花为宜，此时蛋白质含量高、品质好，并且下一茬首蓿生长快。每次刈割后应留茬3～5cm，过低不利于下一茬草的生长。最后一次收割留茬在5～7cm，收割不要太晚，一般应留30d左右的生长期以利于安全越冬。首蓿一般收割后晾干，粉碎饲喂家畜或直接饲喂，条件好的可以青贮后饲喂家畜。

二、蒙草基地基本介绍

内蒙古蒙草生态环境（集团）股份有限公司，是一家以草为业的上市公司，核心口号是"为草原修复生态"。修复草原生态，从植物到土壤都需要有数据细分和实践应用的稳定成果。赤峰市阿鲁科尔沁旗年均气温5.5℃，年均降水量300～400mm，属典型的大陆型气候。该项目地位于临近道路的C圈，项目地土壤为沙壤土，通气透水性好，种植首蓿。基地灌溉采用中心支轴式喷灌机进行灌溉，跨体总长度为327m，覆盖面积33.3hm^2。图8-13为喷灌圈分布。

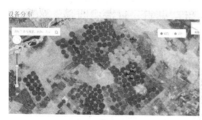

图8-13　蒙草基地喷灌圈分布

三、蒙草基地水肥管理介绍

项目地灌溉方式为中心支轴喷灌机喷灌，水源采用地下水，用潜水泵将井水直接打入喷灌机钢管。喷头采用D3000喷头，均匀性高，抗堵塞（图8-14）。

为了更科学地进行灌溉、施肥，蒙草公司首先在赤峰市阿鲁科尔沁旗、通辽市扎鲁特旗、呼伦贝尔市陈巴尔虎旗、巴彦淖尔市五原县和锡林郭勒盟乌拉盖地区安装了共计22台智能土壤墒情监测仪（智墒），6台全电子气象站（天圻），用于实时监测土壤水分、温度和风速、风向、太阳辐射、降雨、大气压力、空气温度、相对湿度，进而分析紫花苜蓿、燕麦、天然草场的需水规律以及根系生长，为草原生态、智能灌溉积累基础数据。该喷灌圈安装了2台智墒，一台天圻。

图8-14　水肥管理

阿旗C圈喷灌机控制系统为"智能灌溉＋"中央控制系统。控制器采用云衍，云衍安装在中心支座，通过有线方式连接原有手动控制柜、水泵启动柜、超声波流量计，实现水泵的远程启闭、喷灌机的远程控制、流量及流速的实时计量；通过无线方式与智墒、天圻连通，实现基于作物需求出发的闭环灌溉。E生态为中心支轴喷灌机提供分区灌溉管理，用户可对喷灌圈扇形区域进行划分，可对不同的区域设置不同的运行速比，从而实现不同的湿润层深度。对于添加了智能参照点的扇区，还可以使用智能数据，即依照智墒建议的运行速比进行灌溉。

该项目的水肥一体化系统，采用肥料桶来储存肥液，肥料桶顶部带不锈钢搅拌设备，以加速肥料溶解、提高均匀性；肥料桶底部通过钢管连接管道离心泵，经水泵加压进入喷灌机的输水钢管，随灌溉水一起，通过喷头喷洒进入田间。

四、基地智能升级的意义

水肥一体化系统的实施，首先使得肥料溶解、搅拌，施用全部自动化，节省了大量人工；其次将肥液与水一起，直接输送给作物，极大地提高了肥料吸收率和施肥的均匀性。灌溉系统的智能升级，可实现远程对喷灌机进行启闭、正反转、调速等控制，可实时查看所有设备、站点的运行状态显示，如水泵状态、系统流量流速监测、系统压力监测、施肥流量监测等。另外，控制器云衍提供多种设备接入接口，如 RS485、CAN、RS232、LoRa、载波，符合云衍接口协议的设备均可接入：如水位计、三相智能电表、施肥机以及其他设备的 PLC 控制柜等，可扩展应用于农业水价综合改革系统、生态大数据系统以及个性化的控制系统等。